Chemie macchiato

Kurt Haim – Johanna Lederer-Gamberger
Illustriert von Klaus Müller

Chemie macchiato

Cartoon-Chemiekurs für
Schüler und Studenten

PEARSON
Studium

ein Imprint von Pearson Education

München · Boston · San Francisco · Harlow, England
Don Mills, Ontario · Sydney · Mexico City · Madrid · Amsterdam

Bibliografische Information Der Deutschen Bibliothek

Die Deutsche Bibliothek verzeichnet diese Publikation in der Deutschen Nationalbibliografie; detaillierte bibliografische Daten sind im Internet über http://dnb.ddb.de abrufbar.

Umwelthinweis:
Dieses Produkt wurde auf chlorfrei gebleichtem Papier gedruckt.

10 9 8 7 6 5 4 3 2
09 08

ISBN 978-3-8273-7242-0

ein Imprint der Pearson Education Deutschland GmbH
Martin-Kollar-Str. 10-12, D-81829 München

www.pearson-studium.de

Lektorat: Irmgard Wagner, irmwagner@t-online.de
Fachlektorat: Univ. Prof. Dr. Gatterer, Universität Graz
Korrektorat: Petra Kienle, Fürstenfeldbruck
Herstellung und Satz: m2 design, Sterzing, www.m2-design.org
Druck und Verarbeitung: Bercker Graphischer Betrieb, Kevelaer

Printed in Germany

Inhalt

Vorwort

BEVOR WIR RICHTIG ANFANGEN...

Vorwort

Warum Sie sich auf dieses Chemie-Buch freuen dürfen

Latte macchiato, das Kultgetränk der lebenslustigen Mitteleuropäer aus Milchschaum und starkem Espresso, hat dieser Buchreihe ihren Namen gegeben. In diesem Sinne wollen wir die Chemie mit einem kräftigen Schuss Unterhaltung aufmischen und Lust auf die Welt der Moleküle wecken.

Wie in *Mathe macchiato* und den anderen Büchern dieser Reihe werden mit Cartoons wesentliche Inhalte verdeutlicht und witzige Pointen lockern den Stoff auf.

Ziel dieses Buchs ist es, dem Leser das Grundwissen der allgemeinen und anorganischen Chemie auf eine leicht verständliche und humorvolle Art und Weise näher zu bringen und in die organische Chemie einzuführen. Die behandelten Themen sind Grundlagen des Gymnasialstoffs und für Studenten eine wichtige Basis für viele Studienzweige.

Dieses Buch versteht sich als chemischer Aperitif und soll Lust wecken, noch weiter in diese Materie vorzudringen. Moderiert wird dieses Buch durch humorvolle Leitfiguren, mit denen sich der Leser auch identifizieren kann.

Manche Kapitel beginnen mit einer Alltagssituation, andere mit einer spannenden oder irritierenden Frage. Zusammenfassungen mit den wichtigsten Begriffen, die man „mitnehmen“ muss, runden die Kapitel ab.

Wer das Ganze geschrieben hat

Kurt Haim und Johanna Lederer-Gamberger unterrichten beide Chemie in Gymnasien und haben in Universitätslehrgängen Zusatzqualifikationen in der Pädagogik und Fachdidaktik erlangt.

Kurt Haim organisiert Kurse für hochbegabte Schüler/innen, war mehrere Jahre als Chemiedozent für Mediziner tätig und koordiniert seit 2005 das naturwissenschaftliche Netzwerk für Oberösterreich. Weiters ist er seit 2007 an der

Pädagogischen Hochschule in Linz für die Lehrerfortbildung sowie für die Unterrichtsentwicklung der naturwissenschaftlichen Fächer zuständig.

Johanna Lederer-Gamberger hält Chemie-Olympiade-Kurse ab, betreut die Chemie-Homepage ihrer Schule in Villach und legt großen Wert auf praktisches Arbeiten im Unterricht.

Klaus Müller studierte Theologie in München sowie Schauspiel in Wien und zeichnet seit seiner Kindheit. Er ist freiberuflich Illustrator von bislang 40 Büchern und steht hauptberuflich als Schauspieler auf der Bühne. Seit über zehn Jahren lebt und arbeitet er in Augsburg.

Für wen und wofür dieses Buch gedacht ist

Chemie Macchiato ersetzt kein Chemielehrbuch. Sie können es zur Unterhaltung, zur Ergänzung des Chemieunterrichts oder der entsprechenden Lehrveranstaltung an der Universität lesen. Vielleicht wollen Sie auch nur die chemischen Probleme Ihrer Schulkinder verstehen. Dann wird Sie dieses Buch an Vergessenes erinnern und es Ihnen wieder verfügbar machen. Besonders gut geeignet ist unser Buch als Begleiter für den Chemieunterricht.

Mit wem Sie es hier zu tun haben

Die Laborgeräte **Reagenzia**, **Kolbi** und **Destillato** stehen im Schrank eines Chemielabors. Sie fragen sich, warum es so wenige Menschen gibt, die sich mit Chemie und damit auch mit ihnen beschäftigen. Sie wollen nicht mehr einfach so herumstehen, sondern sich der Herausforderung stellen und endlich Bekanntschaft mit anderen Menschen machen.

Reagenzia fühlt sich für diesen Auftrag wie berufen, da sie eine ausgezeichnete Beobachterin ist. **Kolbi** hilft immer gerne und wirft interessante, scheinbar banale Fragen auf, die zum besseren Verständnis beitragen. **Destillato** brilliert immer dann, wenn es darum geht, aus einer Flut von Informationen das Wichtigste herauszufiltern und aus allen möglichen Theorien die Kernaussage zu bilden. Er bringt es immer wieder auf den Punkt.

Der **Chemiefreak** verweist auf die Homepage des Verlags **www.pearson-studium.de**, auf der in manchen Kapiteln noch genauer auf Thematiken eingegangen wird, die den Rahmen des Buchs gesprengt hätten. Unter dieser Adresse finden Sie neben Ergänzungen zu den einzelnen Kapiteln auch Übungsbeispiele und deren Lösungen. (Nach einem Klick auf das Buch *Chemie macchiato* klicken Sie auf den nebenstehenden Button für Studenten.)

Die Internetbeispiele sollen einen kleinen Ausblick darauf liefern, wie groß das Chemie-Universum ist und wie sehr man sich darin vertiefen kann. Sie sollen aber auch die Möglichkeit geben, sich selbst darauf zu testen, ob man das fachliche Wissen auch an konkreten Problemstellungen anwenden kann. Viele der Beispiele stammen aus anderen Lehrbüchern. Daher findet man dort auch wichtige Quellen, die von Interesse sind, wenn man noch tiefer in die Materie Chemie vordringen möchte. Das nötige Rüstzeug bringt man nach diesem Buch sicher mit.

Weiters verzichtet *Chemie macchiato* auf das „Sie“, weil wir das Ziel verfolgen, dass Sie mit der Chemie auf „Du und Du“ kommen!

Herzliches Dankeschön!

Danke an den Verlag Pearson Studium, der die Rahmenbedingungen geschaffen hat, dass unsere Vorstellung von einer humorvollen Chemie nun in Buchform vorliegt.

Danke an Frau Irmgard Wagner. Sie hat das Autorenteam für die Buchidee begeistern können und glückliche Hände bei der Auswahl des weiteren Teams bewiesen. Ohne ihr unermüdliches Engagement wäre das Buch wahrscheinlich noch in seiner Rohfassung.

Danke an Martina Messner. Ohne ihre professionelle Arbeitsweise bei Layout und Satz und ihre Aufopferung bei den Endarbeiten wäre *Chemie macchiato* niemals zum Schulanfang 2007 fertig geworden.

Danke an Petra Kienle. Sie haben dafür gesorgt, dass die neue Rechtschreibung in diesem Buch Einzug genommen hat und so manch verdrehter Satz klarer formuliert wurde.

Danke an a.o.Univ. Prof. Dr. Karl Gatterer, der an der Technischen Universität Graz am Institut für Physikalische und Theoretische Chemie lehrt und als Lektor enorme Fachkompetenz und stets viel Humor bewies. Danke auch dafür, dass Sie so viel Verständnis für die oft einfachen Darstellungen komplexer Zusammenhänge zeigten.

Johanna Lederer-Gamberger dankt ihrem Mann Thomas und ihrer Tochter Anna für das Verständnis und die Rücksicht, die sie in dieser Zeit aufgebracht haben. Vor allem dankt sie ihrer Mutter und ihrem Vater für die Unterstützung, die sie während des Schreibens erhielt.

Kurt Haim dankt seiner Frau Doris und seinen beiden Kindern Philipp und Edith, die viel Verständnis aufbrachten, immer wieder zu motivieren wussten und als erste Testleser oft wertvolle Kommentare lieferten.

Wir wünschen Ihnen bzw. dir viel Spaß auf unserer gemeinsamen Reise durch die Welt der Chemie mit, Kolbi, Destillato und Reagenzia.

Kurt Haim · haimkurt@hotmail.com

Johanna Lederer-Gamberger · gb@peraugym.at

Klaus Müller · kmue002@aol.com

Kapitel 1

ICH MAG DICH STERNENSTAUB

Entstehung von Materie

Ich mag dich, Sternenstaub

BIST DU SICHER, DASS DU ALLES ÜBER DEINE GEBURT WEISST?

WIR MEINEN NATÜRLICH DIE GEBURT VOR DEINER GEBURT – D.H. DIE ENTSTEHUNG JENER WINZIGEN MATERIE-TEILCHEN, AUS DENEN DU BESTEHST. DEINE HERKUNFT IST NÄMLICH EIN KNALLER – GENAUER GESAGT...
... DER URKNALL! VOR CA. 15 MILLIARDEN JAHREN PASSIERTE FOLGENDES – VORHANG AUF!

Wissenschaftler gehen davon aus, dass vor dem Urknall, also vor ca. 15 Milliarden Jahren, eine extrem hohe Konzentration von Energie auf engstem Raum herrschte. In dieser Phase wandelte sich Energie ständig in Materie und Antimaterie um. Trafen diese Materieteilchen aufeinander, entstand wieder Energie. Es herrschte also ein ständiger Wechsel von Energie in Materie. Irgendwann kam es dann zu einem geringen Überschuss von Materie und von da an überschlugen sich die Ereignisse.

Ab der 10^{-33}-sten Sekunde entstanden die kleinsten bis heute bekannten Materieerscheinungen, die so genannten **Quarks**.

Ab der 10^{-6}-ten Sekunde lagerten sich je drei Quarks zu **Protonen** und **Neutronen** zusammen. Während Protonen aus up-, up-, down-Quarks bestehen, setzen sich Neutronen aus down-, down, up- Quarks zusammen. Da die Ladung der up-Quarks = +⅔ und die der down-Quarks = -⅓ ist, ergibt sich dadurch für das Proton eine Gesamtladung von +1 und für das Neutron ein neutraler Ladungszustand.

Eine Sekunde nach dem Urknall bildeten sich die ersten **Elektronen**.

Nach weiteren drei Minuten kühlte das Universum auf ca. eine Milliarde Grad ab und die Protonen und Neutronen lagerten sich zu den drei kleinsten Arten von **Atomkernen**, nämlich Wasserstoff-, Helium- und Lithiumkernen, zusammen. Heute geht man davon aus, dass in dieser Phase ca. 75% Wasserstoff- und ca. 25% Heliumkerne vorlagen. Lithiumkerne waren nur in Spuren vorhanden.

300.000 Jahre später kühlte das Universum auf etwa 6000° ab und es gelang den Elektronen, sich um die Atomkerne zu lagern. Auf diese Weise entstanden die ersten Wasserstoff-, Helium- und Lithium-Atome!

Nach so viel schöpferischer Kreativität ist es nun an der Zeit, sich die elementaren Zutaten einmal genauer anzuschauen.

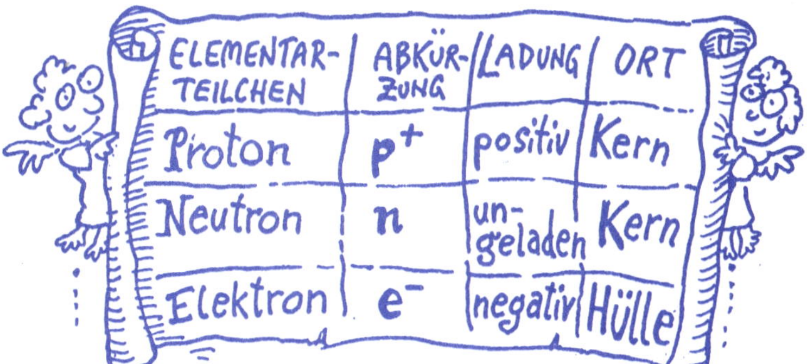

ELEMENTARTEILCHEN	ABKÜRZUNG	LADUNG	ORT
Proton	p^+	positiv	Kern
Neutron	n	ungeladen	Kern
Elektron	e^-	negativ	Hülle

Während Protonen und Neutronen ungefähr gleich schwer sind und sich auf engstem Raum im Kern aufhalten, ist ein Elektron ca. 2000-mal leichter als ein Kernteilchen und benötigt einen enorm größeren Aufenthaltsbereich, den wir übrigens Elektronenhülle nennen.

Wird der Atomkern nun von einer Elektronenhülle umgeben, entsteht ein Gebilde, das wir in der Fachsprache **Atom** nennen.

Faszinierend sind die Unterschiede zwischen Kern und Hülle: Während der positiv geladene Kern auf winzigstem Raum fast die gesamte Masse des Atoms beinhaltet, besitzt die negative Hülle zwar eine riesige Ausdehnung, jedoch kaum eine Masse.

	Kern	Hülle
Ladung	positiv	negativ
Masse	> 99,9%	< 0,1%
Größe	10^{-15} m	10^{-10} m

Um sich das Größenverhältnis zwischen Kern und Hülle besser vorstellen zu können, soll ein Vergleich angestellt werden: Hätte ein Atomkern die Ausmaße eines 1 mm großen Traubenkerns, würde die Elektronenhülle einen Durchmesser von ca. 100 m einnehmen!

Weil es nun über 100 verschiedene Atomarten gibt, führten Wissenschaftler einige Zahlen und Symbole ein, um diese voneinander unterscheiden zu können.

Kernteilchenzahl A (oder Massenzahl)

A steht für die Summe der Kernteilchen, also der Protonen und Neutronen. Da die Kernteilchen fast die Gesamtmasse eines Atoms ausmachen, nennt man diese Zahl auch Massenzahl.

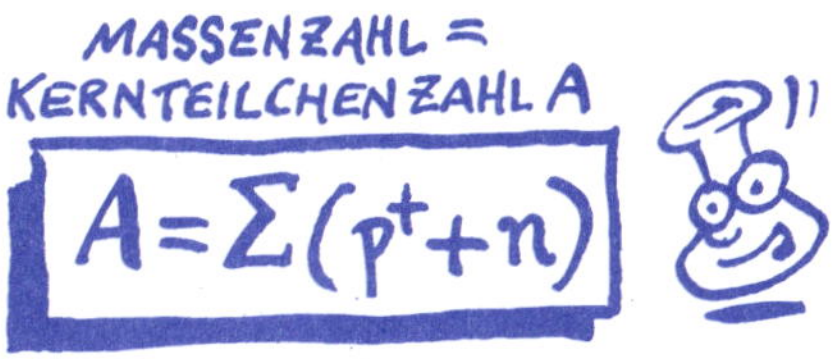

Protonenzahl Z (Kernladungszahl, Ordnungszahl)

Z gibt die Anzahl der Protonen im Atomkern an.

Z bestimmt die Art des Elements, da sich unterschiedliche Elemente durch die Anzahl der Protonen unterscheiden.

In einem neutralen Atom entspricht Z auch immer der Zahl der Elektronen.

Zieht man von der Massenzahl die Protonenzahl ab, erhält man somit die Zahl der Neutronen.

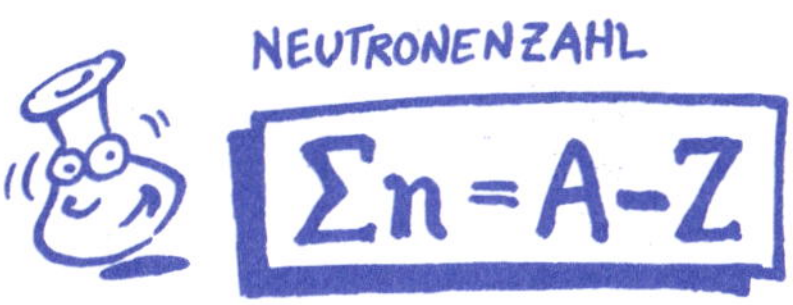

Mit diesen beiden Zahlen lässt sich nun zwar jede Atomart exakt beschreiben, doch ist es relativ umständlich, wenn wir damit Reaktionen beschreiben müssten. Das würde dann ja so klingen: Ein Atom mit der Massenzahl 26 und Protonenzahl 12 reagiert mit einem Atom mit der Massenzahl 34 und Protonenzahl 17 zu einem ???"

Aus diesem Grund führten Chemiker chemische Symbole ein. Damit lässt sich viel leichter arbeiten; vorausgesetzt, man weiß, wofür sie stehen.

Chemische Symbole

Jede Atomart mit einer bestimmten Protonenzahl wird als **chemisches Element** bezeichnet und durch Symbole ausgedrückt. Das heißt, jeder Stoff, der nur aus einer Atomart besteht, wird heute als „Element" bezeichnet (ganz im Unterschied zur antiken Vorstellung, wo man davon ausging, dass sich alle Stoffe aus den vier „Elementen" Feuer, Wasser, Luft und Erde zusammensetzen). Die chemischen Symbole für die Elemente sind meist Abkürzungen der lateinischen Elementnamen. Der erste Buchstabe wird immer groß geschrieben, ein eventuell zweiter stets klein.

Nachfolgende Tabelle zeigt Symbole und Bezeichnungen häufiger bzw. wichtiger Elemente.

Mit dem Symbol und den beiden Zahlen kann man nun jedes Materieteilchen exakt beschreiben. Dazu schreibt man die Massenzahl links oberhalb des Symbols und die Protonenzahl links unterhalb des Symbols an.

Gesprochen wird es in folgender Reihenfolge:
Symbol-Massenzahl-Protonenzahl.

Nachfolgende Tabelle soll zeigen, was man alles aus einem Elementsymbol so herauslesen kann:

Element	Protonenzahl	Neutronenzahl	Elektronenzahl
$^{23}_{11}Na$	$11p^+$	$12n$	$11e^-$
$^{40}_{20}Ca$	$20p^+$	$20n$	$20e^-$

Gäbe es nun ausschließlich neutrale Atome, wäre die Welt sehr einfältig gestaltet. Glücklicherweise hat die Natur für etwas Abwechslung gesorgt und von jedem Element Abkömmlinge entstehen lassen.

Existieren von einer Atomart mehrere Variationen mit unterschiedlich vielen Neutronen, spricht man von **Isotopen**.

Hat sich bei neutralen Atomen die Elektronenzahl geändert, entstehen geladene Atome, genannt **Ionen**.

Isotope

Isotope sind somit Abkömmlinge eines Elements, die sich nur durch die Zahl der Neutronen unterscheiden.

Isotope eines Elements werden in der Regel wie das Ausgangselement und zusätzlich mit der Massenzahl bezeichnet.

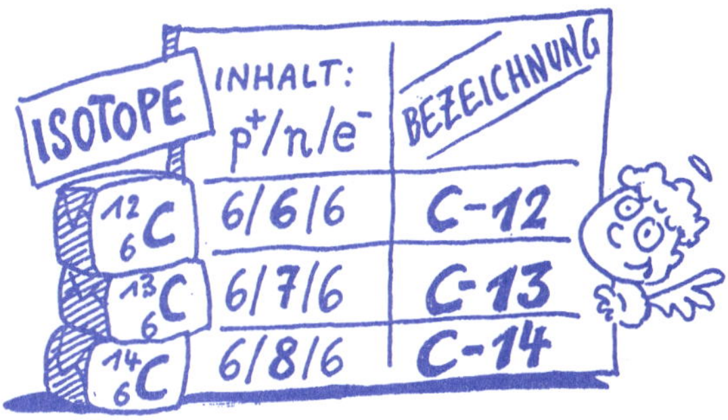

Nur beim Wasserstoff gibt es eine Erweiterung. Hier haben die Isotope zusätzlich eigene Namen bekommen.

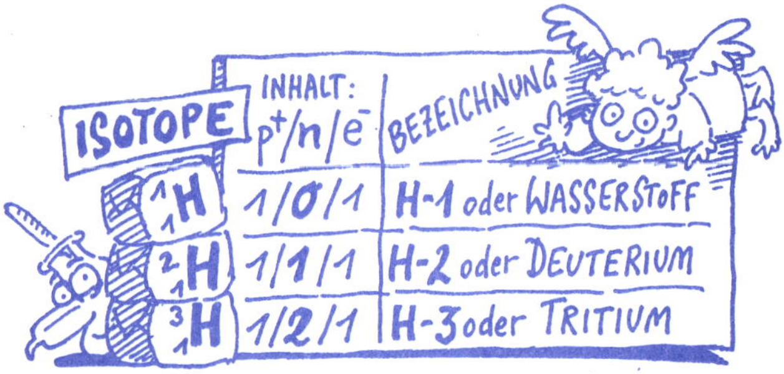

Physikalisch unterscheiden sich die Isotope eines Elements nur durch die Masse und eventuell durch den Umstand, **radioaktiv** zu sein. (Je größer der Neutronenüberschuss im Vergleich zu den Protonen, desto instabiler ist das Isotop und desto wahrscheinlicher zerfällt der Kern und gibt dabei Strahlung ab. Weist ein Kern jedoch auch zu wenige Neutronen auf, ist er ebenfalls instabil und zerfällt.

Ionen

Ionen sind Teilchen, bei denen die Zahl der Elektronen in einem Atom nicht identisch mit der Protonenzahl ist. Die daraus hervorgehende Ladung wird durch die Ladungszahl beschrieben und nach dem Elementsymbol, rechts oben, angeschrieben.

Da sich die Ladung eines Ions nur durch die Veränderung der Elektronen ergeben kann, folgt:

- Eine negative Ladungszahl entsteht durch einen Elektronenüberschuss.
- Eine positive Ladungszahl ergibt sich durch einen Elektronenmangel. (Das Ion ist deshalb positiv geladen, da mehr positiv geladene p^+ wie negativ geladene e^- im Atom stecken.)

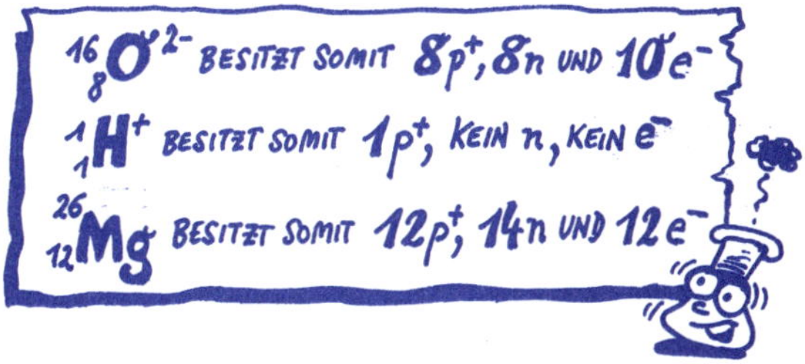

Eine Ladungszahl von 2^- bedeutet nicht, dass das Ion zwei Elektronen weniger besitzt, sondern dass das Ion zweifach negativ geladen ist. Da Elektronen negativ sind, muss es sich somit um einen Überschuss von 2 Elektronen handeln.

Eine Ladungszahl von 1^+ bedeutet nicht, dass das Ion ein Elektron mehr besitzt, sondern dass das Ion einfach positiv geladen ist. In diesen Zustand kann es nur gekommen sein, indem das Atom 1 Elektron abgegeben hat. Da jetzt die positiven Protonen um 1 mehr sind als die negativen Elektronen, entsteht eine Gesamtladung von +1.

- Ändert sich die Protonenzahl im Kern, entsteht ein anderes Element.
- Ändert sich die Neutronenzahl im Kern, entsteht ein Isotop.
- Ändert sich die Elektronenzahl in der Hülle, entsteht ein Ion.

Anfangs enthielt das Universum nur Wasserstoff-, Helium- und Lithiumatome (exakter formuliert: ${}^{1}_{1}H$, ${}^{2}_{1}H$, ${}^{4}_{2}He$, ${}^{3}_{2}He$, ${}^{6}_{3}Li$ und ${}^{7}_{3}Li$). Aus diesen kleinen Atomarten konnte jedoch kein Leben entstehen.

Erst eine Milliarde Jahre nach dem Urknall, als das Universum auf ca. 18° abkühlte, bewirkten Anziehungskräfte zwischen den Atomen, dass sie sich zu Sternen formieren konnten. Im Inneren von Sternen entstanden jetzt durch **Kernfusion** die Kerne schwererer Atome wie Eisen, Kohlenstoff und Sauerstoff.

„Kernfusionen passieren sogar in unserer nächsten Nähe. Unsere Sonne lässt jede Sekunde Millionen Tonnen von neuen Atomen entstehen!

In unserer Sonne entsteht durch eine Vielzahl von Verschmelzungsreaktionen **Helium**. Das kann man sich vereinfacht so vorstellen:

$$^{2}_{1}H + ^{2}_{1}H \longrightarrow ^{4}_{2}He + \text{ENERGIE}$$

Die Verschmelzung von Wasserstoff zu Helium begann vor etwa 4,5 Milliarden Jahren, als sich der noch junge Stern so stark verdichtet hatte, dass die Temperatur in seinem Zentrum auf über 10 Millionen Grad angestiegen war. Seitdem werden im Sonnenkern in jeder Sekunde ca. 600 Millionen Tonnen Wasserstoffisotope verbrannt.

Bei dieser Kernverschmelzung, auch **Kernfusion** genannt, wird eine beträchtliche Menge Energie in Form von Strahlung (Photonen) freigesetzt. Die im Zentrum der Sonne gebildeten **Photonen** benötigen ca. 170.000 Jahre, um an die Sonnenoberfläche zu gelangen. In das Universum abgestrahlt, bewegen sie sich mit Lichtgeschwindigkeit (300.000 km/s) auf die Erde zu. Für die Strecke zwischen Sonne und Erde benötigen sie ca. acht Minuten.

Die Sonne hat seit ihrer Entstehung erst 40% ihres Wasserstoffvorrats verbraucht. Das heißt, die Brennstoffvorräte reichen noch für weitere 5 Milliarden Jahre.

Die Verschmelzung von Wasserstoff zu Helium endet also erst in ca. 5 Milliarden Jahren und der Kern der Sonne wird dann in sich zusammenfallen. Dadurch werden sich allerdings die Teilchen so stark verdichten, dass die Temperatur auf über 100 Millionen Grad steigen wird. Bei dieser hohen Temperatur verschmelzen nun die Heliumkerne zu größeren Kernen wie z.B. Beryllium, Kohlenstoff und Sauerstoff, wobei erneut große Mengen an Energie freigesetzt werden.

So entsteht zum Beispiel Beryllium, wenn zwei Heliumkerne fusionieren. Kohlenstoff bildet sich aus Helium und Beryllium und Sauerstoff resultiert z.B. aus der Fusion von Helium und Kohlenstoff.

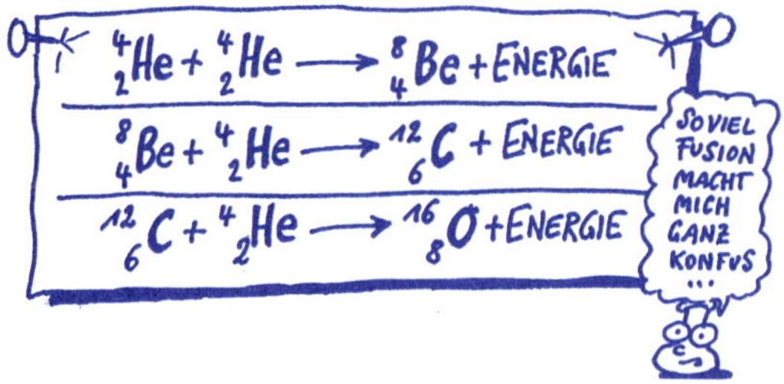

Je nach Sonnengröße können auf diese Weise sämtliche Elemente entstehen, die wir heute kennen. Wenn eine Sonne am Ende ihrer Entwicklung explodiert (bei einer sehr großen Sonne findet das als so genannte Supernova-Explosion statt), werden die dabei entstandenen Elemente ins Weltall geschleudert, wo sie das Material für neue Planeten bilden. Auch die Erde und alle Lebewesen bestehen somit aus Atomen, die einst in längst erloschenen Sternen erzeugt wurden.

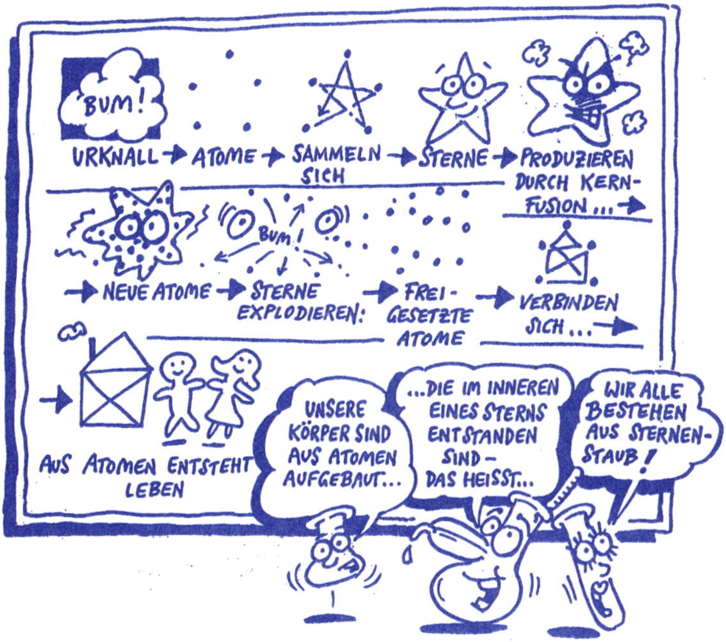
BUM!
URKNALL → ATOME → SAMMELN SICH → STERNE → PRODUZIEREN DURCH KERN-FUSION … →
BUM!
→ NEUE ATOME → STERNE EXPLODIEREN: → FREI-GESETZTE ATOME → VERBINDEN SICH … →
→ AUS ATOMEN ENTSTEHT LEBEN
UNSERE KÖRPER SIND AUS ATOMEN AUFGEBAUT…
…DIE IM INNEREN EINES STERNS ENTSTANDEN SIND – DAS HEISST…
WIR ALLE BESTEHEN AUS STERNEN-STAUB!

DAS IST ALSO DAS GEHEIMNIS! WIR ALLE SIND AUS STERNENSTAUB. WIR SIND STERNENKINDER!
GENAU!

Kapitel 2

MODELLE AUF DEM LAUFSTEG

Atommodelle

Modelle auf dem Laufsteg

Weil Atome für unser Auge nicht sichtbar sind, benötigen wir sogenannte **Atommodelle**, um den Aufbau der Atome beschreiben zu können. Die Modelle basieren auf beobachtbaren Eigenschaften der Materie und auf experimentell ermittelten Daten.

Die ersten Vorstellungen von Atomen wurden vor ca. 2400 Jahren von griechischen Naturphilosophen niedergeschrieben. Im Laufe der Zeit passte man diese Modelle jeweils den neuesten wissenschaftlichen Erkenntnissen an, was sie immer komplexer und damit auch komplizierter werden ließ. Die neuesten Atommodelle kann man nur noch mit mathematischen Formeln darstellen, da die Atome mithilfe der Quantenmechanik beschrieben werden. Trotz dieser komplexen und nicht mehr vorstellbaren Welt der Atome, lassen sich mit diesen Modellen Naturphänomene immer exakter erklären.

Demokrits Atomtheorie (ca. 400 v Chr.)

Demokrit, ein griechischer Philosoph, gilt als der Vater der Atomtheorie. Er entwickelte ca. 400 v. Chr. eine Theorie vom Aufbau der Materie. Dabei vertrat er die Auffassung, dass sich Materie aus kleinsten, unteilbaren Teilchen, den Atomen, zusammensetze. Alle Atome seien fest und massiv, hätten jedoch runde, krumme oder eckige Formen. Wenn sich die Atome miteinander verflochten, dann bildeten sie entweder Wasser, Feuer, Pflanzen oder den Menschen.

Nach Demokrit wurde es fast 2000 Jahre still um die Vorstellungswelt der Atome. Erst vor ca. 200 Jahren wurden wieder konkrete Vorstellungen über Atome entwickelt und als Atomhypothesen der Öffentlichkeit vorgestellt. Seither beschrieben die unterschiedlichsten Atommodelle immer exakter die Wirklichkeit, wodurch sich Erscheinungen und Phänomene in der Natur immer besser verstehen und vorhersagen lassen.

Daltons Atomhypothese (1803)

Als einer der Ersten entwickelte John **Dalton** (1766–1844) die Vorstellung von Atomen als kugelförmige, unveränderliche Gebilde.

Er behauptete, man könne Atome weder zerstören noch erzeugen, sondern nur durch chemische Operationen neu kombinieren. Die Unterschiedlichkeit der

Elemente erklärte Dalton aus der Unterschiedlichkeit der Atome. Jedes Element habe spezifische Atome mit spezifischem Gewicht, die in Verbindungen unverändert blieben. Daher bestünde jede Verbindung aus einer bestimmten Anzahl von Atomen, die im Verhältnis ganzer Zahlen kombiniert seien. Diese 1803 von Dalton vorgebrachten Vorstellungen läuteten das Zeitalter der modernen Atomhypothesen ein.

Thomsonsches Atommodell (1903)

Joseph **Thomson** (1856–1940) gilt als der Entdecker des Elektrons. Damit war es ihm als Erstem möglich, den scheinbar unteilbaren Atomen sogar eine innere Struktur zu geben. Er stellte sich das Atom als eine positive Kugel vor, in der die negativ geladenen Elektronen, wie Rosinen in einem Teig, eingebettet sind. Diese Vorstellung wurde von ihm auch als Rosinenkuchenmodell bezeichnet.

Rutherfordsches Atommodell (1911)

Sir Ernest **Rutherford** (1871–1937), Schüler von Thomson, korrigierte das Modell seines Lehrers und erforschte den Aufbau von Atomen. Er untersuchte Materie, indem er Alphateilchen auf Metallfolien schoss. Wie erwartet, ging ein Großteil der Strahlung hindurch, einige Teilchen wurden jedoch abgelenkt und ca. jedes achttausendste Teilchen wurde sogar reflektiert! Das war so überraschend, wie wenn ein Schütze mit einem Revolver auf ein Blatt Papier schießt und die Kugel zurückkommt und den Revolverhelden trifft! Zwei Jahre lang überlegte Rutherford, woran das liegen könnte. Er kam schließlich zu dem Ergebnis, dass jede Reflexion nur damit zu erklären sei, dass jedes Atom ein zentrales Teilchen enthalte, das winzig klein sei, aber eine große Masse besäße. Er nannte dieses Teilchen später **Atomkern**. Weiters stellte er in seinem Modell klar, dass der Atomkern eine positive Ladung hat und fast die gesamte Masse des Atoms trägt. Die Elektronen dachte sich Rutherford homogen verteilt und fest in der Hülle des Atoms eingebettet.

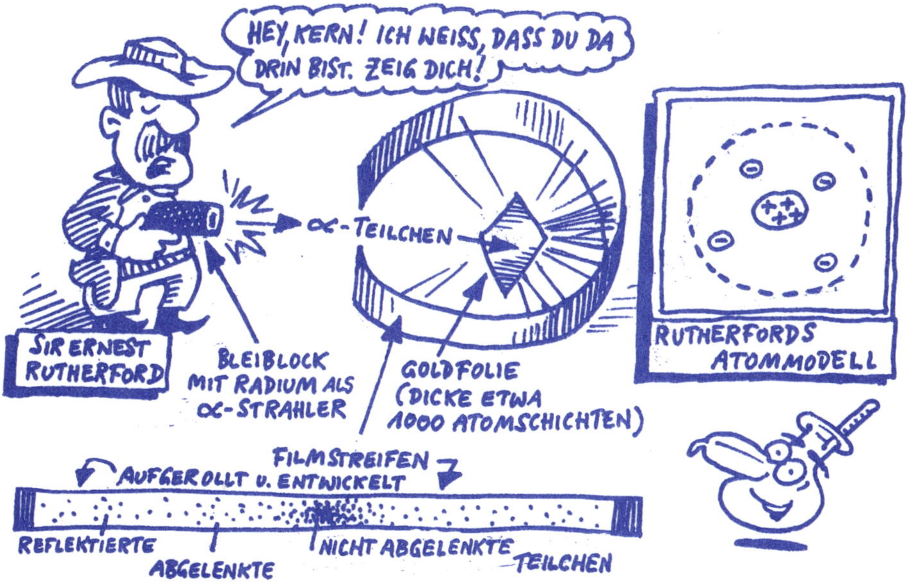

Bohrsches Atommodell (1913)

Niels **Bohr** (1985–1962) entwickelte ausgehend von dem Rutherfordschen Atommodell zusätzliche Aussagen über die Aufenthaltsbereiche der Elektronen. Nach dem Bohrschen Atommodell besteht ein Atom aus einem positiv geladenen Kern und Elektronen, die diesen auf konkreten Bahnen umkreisen.

Bohr ordnete den Elektronen genau definierte Bahnen zu und sagte, dass Übergänge zwischen diesen Bahnen nur in Sprüngen möglich seien. Er „quantelt“ erstmals Energie, lässt also nur Zustände in genau definierten Bahnen zu, die einer bestimmten Energie entsprechen. Diese Bahnen umgeben den Atomkern wie die Schalen einer Zwiebel. Das Bohr´sche Atommodell ist in der Schule wohl das bekannteste unter den Atommodellen. Doch leider lassen sich damit die so wichtigen chemischen Bindungen schlecht erklären. Der größte Fehler am Bohr´schen Atommodell war Bohrs Vorstellung der Elektronen als winzige Kügelchen.

Orbitalmodell (1928)

Wie im Rutherfordschen Atommodell besteht auch im Orbitalmodell ein Atom aus einem positiven Kern. Doch anders als im Bohrschen Atommodell existieren für die Elektronen keine Kreisbahnen mehr, sondern sogenannte Aufenthaltsbereiche. Für die Entwicklung dieses Orbitalmodells zeichneten sich mehrere namhafte Wissenschaftler, wie Einstein, Plank, de Broglie, Heisenberg und Schrödinger verantwortlich.

Vor allem durch die Quantenmechanik gelangte man zu der Erkenntnis, dass der genaue Aufenthaltsort der Elektronen aufgrund der Heisenbergschen Unschärferelation nicht exakt bestimmbar ist. So entwickelte Erwin Schrödinger mathematische Gleichungen, die sogenannten Wellenfunktionen, mit denen man Aussagen über die Aufenthaltswahrscheinlichkeit der Elektronen machen konnte.

Vereinfacht kann der Raum, in dem sich ein Elektron mit großer Wahrscheinlichkeit aufhält, auch als Orbital bezeichnet werden. Die Form der Orbitale ergibt sich also durch die räumliche Aufenthaltswahrscheinlichkeit der Elektronen.

Nach dem Orbitalmodell besteht das Atom also aus einem positiv geladenen Kern, der von unterschiedlichen Orbitalen umgeben ist.

Beschreibung der Elektronen durch das Orbitalmodell

Zur genauen Charakterisierung eines Elektrons dienen heute **vier Merkmale**, die entweder mit **Begriffen** oder, wenn man damit rechnen will, in Zahlen, den sogenannten **Quantenzahlen**, angegeben werden können.

- Das erste Merkmal sagt aus, in welchem Energieniveau sich ein Elektron befindet.
- Das zweite Merkmal beschreibt die Form des Orbitals, in dem sich das Elektron aufhält.
- Das dritte Merkmal gibt die räumliche Orientierung des Orbitals an.
- Das vierte Merkmal gibt den "Spin" des Elektrons im Orbital an.

1. Merkmal: Hauptquantenzahl n oder „Hauptenergieniveau“ oder „Schale“

Die Hauptquantenzahl n beschreibt das Hauptenergieniveau, welches ein Elektron besitzt. Im Bohr´schen Atommodell entspricht dies der Schale in der Elektronenhülle. Maximal können sieben Schalen vorhanden sein, wobei die Elektronen der innersten Schale (n=1) die energieärmsten und die der äußersten (n=7) die energiereichsten sind.

Je größer n ist, umso weiter ist also das Elektron vom Kern entfernt und umso energiereicher ist es.

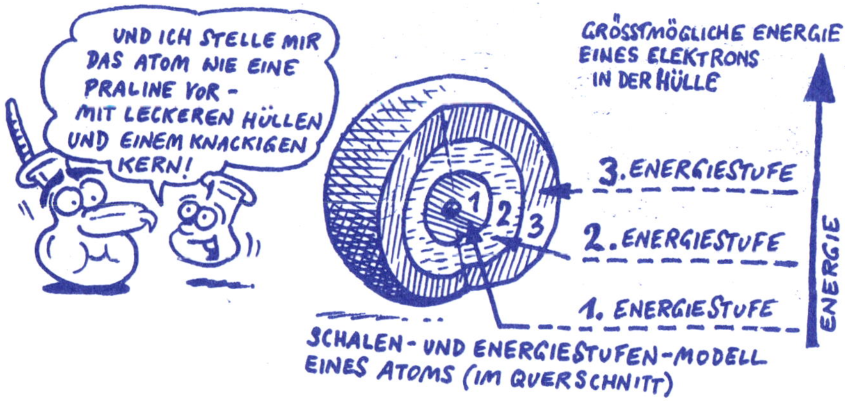

2. Merkmal: Nebenquantenzahl l oder „Orbital"

Die Nebenquantenzahl kennzeichnet die Form des Orbitals, in dem sich das Elektron aufhält. Grundsätzlich unterscheidet man vier Orbitalarten, die entweder mit den Buchstaben **s**, **p**, **d** und **f** oder eben den Nebenquantenzahlen (l = 0, 1, 2 oder 3) gekennzeichnet werden. Die Buchstaben sind Abkürzungen englischer Bezeichnungen, die aus der Anfangszeit der Spektroskopie stammen. Letztere ist eine experimentelle Technik zur Beobachtung von Elektronenübergängen. Je nachdem, welchen Aufenthaltsbereich die Elektronen einnehmen, ergeben sich bei diesen Experimenten **scharfe, prinzipielle, diffuse** oder **fundamentale** Spektrallinien.

Wie viele Orbitalarten nun in einer Schale vorkommen können, hängt von dem Schalenniveau selbst ab. Je höher das Energieniveau, desto mehr Orbitalarten kommen vor. Die Zahl der möglichen Orbitalarten in einer Schale entspricht übrigens genau der Hauptquantenzahl n. Das heißt, in der zweiten Schale (n=2) sind zwei verschiedene Orbitalarten, nämlich s und p-Orbitale, möglich. In der dritten Schale kommen s-, p- und d-Orbitale vor.

In der ersten Schale existiert eine Orbitalart,	s-Orbital
in der zweiten Schale zwei,	s-Orbital / p-Orbital
in der dritten Schale existieren drei,	s-Orbital / p-Orbital / d-Orbital
und in der Vierten existieren vier Orbitalarten!	s-Orbital / p-Orbital / d-Orbital / f-Orbital

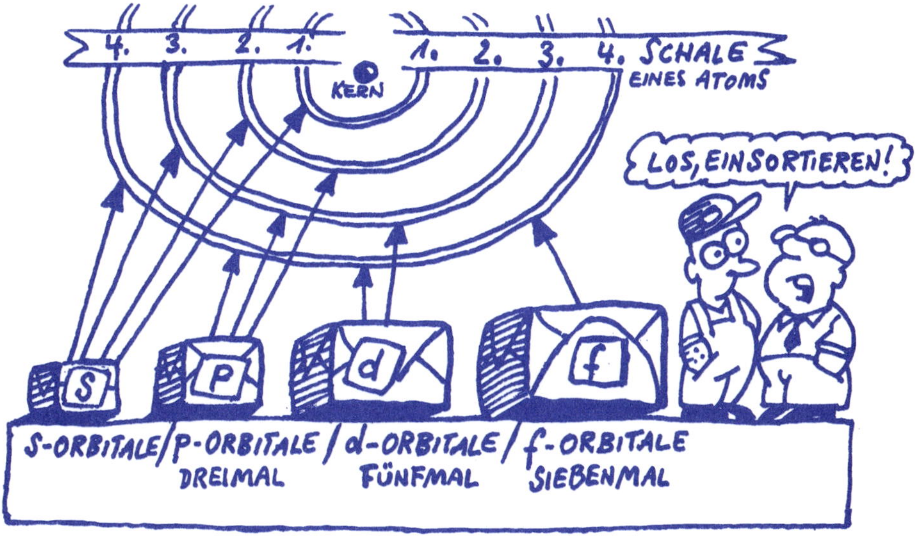

Theoretisch nimmt man an, dass es in der fünften, sechsten und siebten Schale auch noch weitere Orbitalarten mit der Bezeichnung g-, h- und i-Orbitale gibt. Doch da das bisher größte Element, das man auf unserem Planeten hergestellt hat, „nur“ 118 Elektronen enthält, reichen die s-, p-, d- und f- Orbitalarten aus, um sogar die Elektronenhülle von Ununoctium (118Uuo) zu füllen.

Die unterschiedlichen Orbitale unterscheiden sich nun vor allem durch ihre Form.

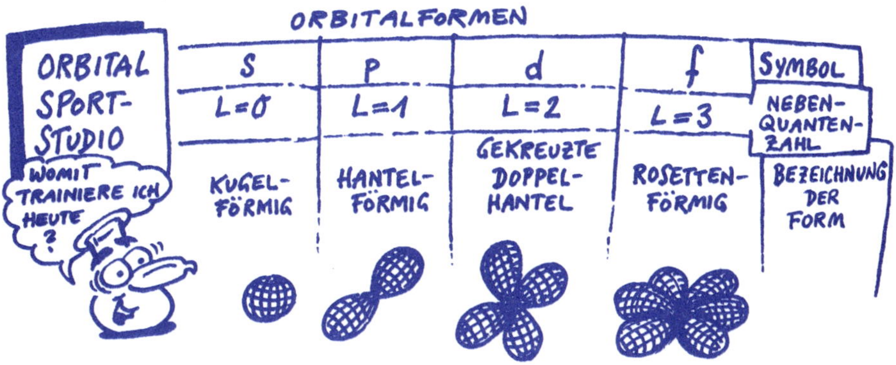

In jedem Hauptenergieniveau können s-Orbitale vorkommen. Sie unterscheiden sich in erster Linie durch ihre Größe, sprich ihren Energiegehalt. Ein kugelförmiges s-Orbital der ersten Schale hat einen kleineren Durchmesser als ein kugelförmiges s-Orbital der zweiten Schale. Außerdem existieren im Inneren des größeren s-Orbitals mehrere besonders wahrscheinliche Aufenthaltsräume für ein Elektron – einen nahe am Atomkern wie beim s-Orbital der ersten Schale und einen zweiten nahe dem äußeren Rand des Orbitals. Ähnliches gilt auch für die p-, d- und f-Orbitale.

3. Merkmal: „Magnetquantenzahl m“

Die Magnetquantenzahl ist ein Merkmal für energiegleiche Orbitale, die sich nur hinsichtlich der Ausrichtung in der x-, y- und z-Achse unterscheiden. Da das s-Orbital kugelförmig ist, gibt es hier keine zusätzlichen Varianten. Anders verhält es sich jedoch bei den p-, d- und f-Orbitalen.

Orbitalart	Ausrichtungsvarianten
s-Orbital	eine
p-Orbitale	drei
d-Orbitale	fünf
f-Orbitale	sieben

Ein p-Orbital kann sich räumlich also in drei Richtungen ausrichten, daher gibt es auch drei Varianten von p-Orbitalen; p_x, p_y und p_z. Das p_z-Orbital hat z.B. seine Achse in z-Richtung ausgerichtet und ihm wird die Magnetquantenzahl m=0 zugeschrieben. Entsprechend sind die p_x- und p_y-Orbitale durch die Magnetquantenzahlen +1 und −1 gekennzeichnet.

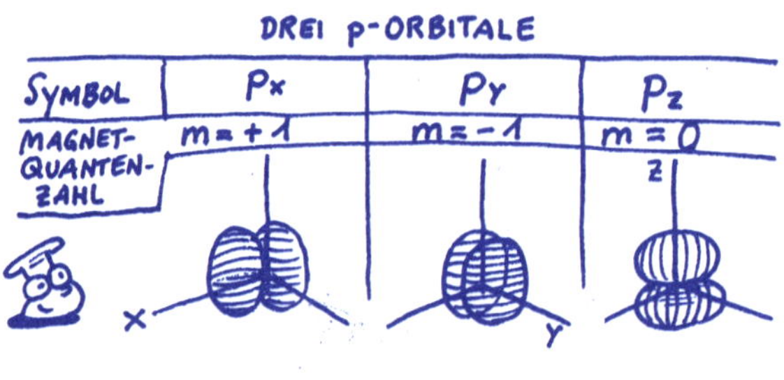

Für die d-Orbitale hat man fünf verschiedene Varianten errechnet. Sie haben alle den gleichen Energiebetrag, unterscheiden sich jedoch, wie man unten sehen kann, durch ihre Ausrichtung.

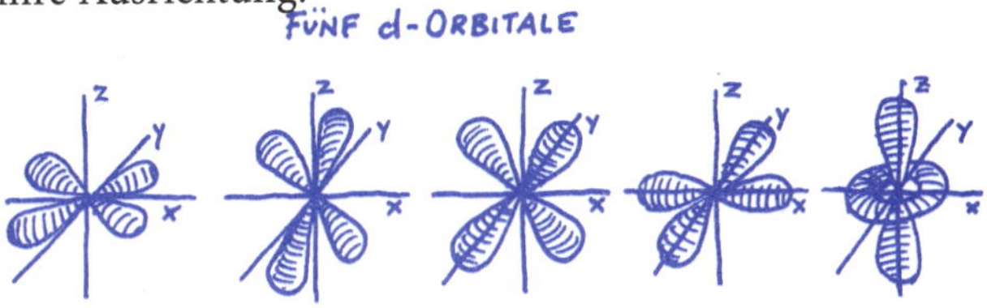

Nachfolgend sind die sieben möglichen f-Orbitale dargestellt, die Elektronen besetzen können.

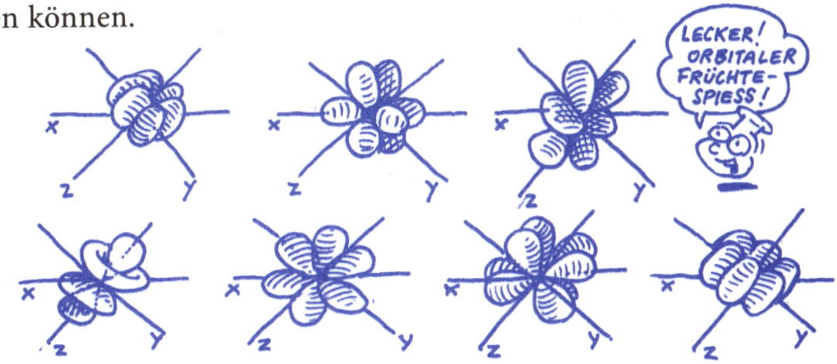

4. Merkmal: Spinquantenzahl s oder "Spin"

Der "Spin" eines Elektrons macht die Grenzen von Atommodellen deutlich. Er ist eine rein quantenmechanische Eigenschaft und es gibt nichts in unserer Erfahrungswelt, womit wir diese Eigenschaft genau beschreiben könnten. Aber für die meisten Zwecke kann man sich den Spin als die Rotation eines Elektrons um die eigene Achse vorstellen. Die Spinquantenzahl s beschreibt eine von zwei möglichen Rotationsrichtungen (im Uhrzeigersinn oder gegen den Uhrzeigersinn). Bei einem gegebenen Orbital sind somit zwei Spinquantenzahlen möglich, die sich nur durch das Vorzeichen unterscheiden.

s = +1/2 Drehung in einer Richtung

s = –1/2 Drehung in die entgegengesetzte Richtung

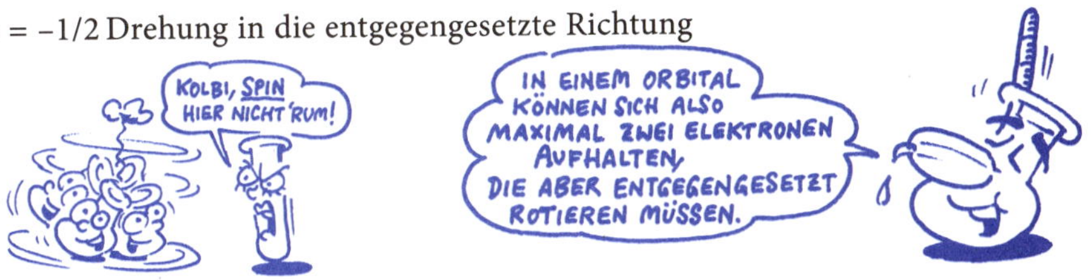

Elektronenkonfiguration

Elektronenkonfiguration nennt man die Zuordnung der Elektronen auf die Orbitale einer Atomhülle. Für die Angabe der Elektronenkonfiguration gibt es nun zwei Schreibweisen:

a) Kästchenmethode nach Pauling: Jedes Kästchen entspricht einem Orbital. Die verschiedenen Formen der Orbitalarten werden hier nicht berücksichtigt. Um auf den unterschiedlichen Abstand vom Kern hinzuweisen, befinden sich die Kästchen im Energiediagramm auf unterschiedlicher Höhe. Auf gleicher Höhe befinden sich nur solche, die auch gleichwertig sind. So liegen jeweils die drei p-Orbitale, die fünf d-Orbitale und die sieben f-Orbitale immer auf demselbem Niveau.

Die Elektronen werden durch Pfeile (↑↓) symbolisiert. Deren entgegengesetzte Richtung steht für die beiden möglichen Spin-Arten.

b) Vereinfachte Schreibweise: Dabei kombiniert man die Hauptquantenzahl mit der Angabe des Orbitalsymbols und schreibt die Anzahl der Elektronen, die sich in diesem Orbital befinden, als Hochzahl an.

$2p^4$ bedeutet also, dass in der zweiten Schale die p-Orbitale mit vier Elektronen besetzt sind!

Wenn ein Atomkern nun Elektronen in seine Hülle aufnimmt, geschieht dies nach ganz bestimmten Regeln.

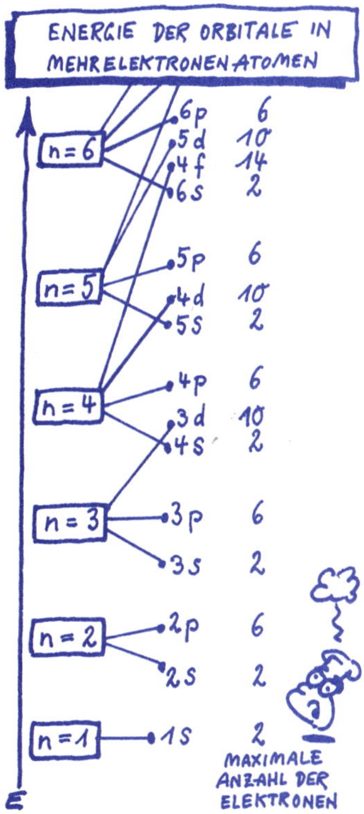

Besetzungsregeln für Atomorbitale

1. Gesetz vom Minimum der Energie

Die Elektronen besetzen als Erstes kernnahe Orbitale, da diese energieärmer sind. Erst nach vollständiger Auffüllung eines kernnahen Orbitals wird das nächste kernfernere Orbital mit Elektronen besetzt.

Welchen Energiebetrag die Orbitale besitzen, lässt sich aus nebenstehender Grafik leicht ablesen.

Am einfachsten merkt man sich die energetische Reihenfolge der Orbitale, wenn man sich ein Schachbrett aufzeichnet und die Orbitale folgendermaßen ausfüllt:

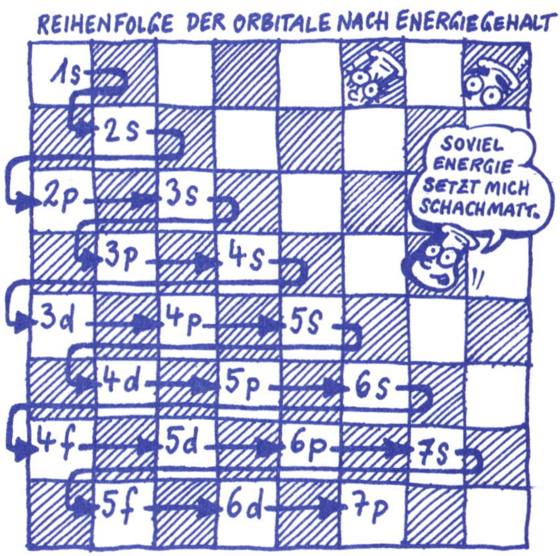

2. Hundsche Regel

Alle Orbitale mit gleicher Energie, z.B. p_x, p_y und p_z, werden zunächst einfach besetzt, bevor eine Doppelbesetzung erfolgt.

Diese Besetzungsregel für Elektronen kann man übrigens auch in jedem Zugwaggon beobachten, der ausschließlich Zweierplätze zur Verfügung stellt. Wenn Personen, die sich nicht kennen, einen Platz suchen, wählen sie immer zuerst einen Zweierplatz für sich allein. Erst wenn jeder dieser Zweierplätze mit einer Person besetzt ist, gesellen sich weitere Fahrgäste hinzu.

3. Pauli-Prinzip

Elektronen desselben Atoms müssen sich zumindest durch **eine** Quantenzahl unterscheiden. Zwei Elektronen, die sich im selben Orbital aufhalten, müssen also zumindest einen unterschiedlichen Spin aufweisen. Wie bereits erwähnt, kann man sich unter dem Spin die Eigenrotation des Elektrons vorstellen!

Bestimmung der Elektronenkonfiguration von Elementen

Um chemische Phänomene zu erklären bzw. zu verstehen, muss man unbedingt die Elektronenkonfiguration kennen. Anhand der Kenntnis, welche Orbitale die Elektronen besetzen, kann man viele Rätsel der Natur einfach lösen.

1. Schritt: Ermittlung der Anzahl an Elektronen, die in der Hülle des Atoms verteilt werden sollen. Zur Erinnerung: Ein neutrales Atom besitzt gleich viele Elektronen wie Protonen.

2. Schritt: Als Nächstes zeichnet man auf der Energieskala leere Kästchen für die verschiedenen Orbitale in den jeweiligen Schalen. Wie viele Kästchen man zeichnen muss, hängt vom Element, also von der Anzahl der Elektronen ab, die man in der Elektronenhülle unterbringen muss. Damit du es leichter hast, findest du unten eine Vorlage für 46 Orbitale, also 92 Elektronen, abgebildet.

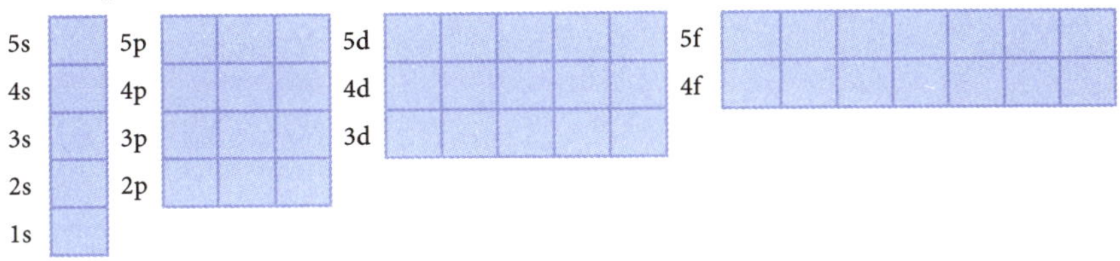

3. Schritt: Nun füllt man, nach dem Gesetz des Minimums, Elektronen von unten nach oben in die Kästchen ein. Die Reihenfolge geben allerdings die Energieskala bzw. das Schachbrett vor. In jedes Kästchen, sprich Orbital, passen zwei Pfeile, also Elektronen hinein. Bedenke allerdings, dass energiegleiche Orbitale zunächst einfach besetzt werden, bevor eine Doppelbesetzung erfolgt.

Bsp: Elektronenkonfiguration von Helium ($_2He$)

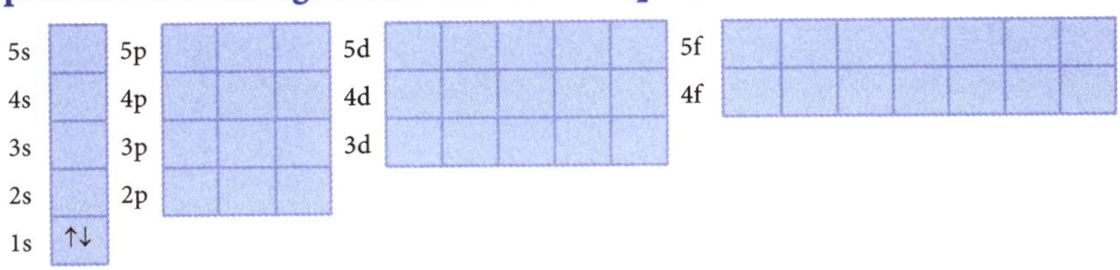

In der vereinfachten Schreibweise schreibt man: **$1s^2$** . Ausgesprochen hieße es: In der ersten Schale ist das s-Orbital mit zwei Elektronen besetzt.

Bsp: Elektronenkonfiguration von Sauerstoff ($_8O$)

Es müssen acht Elektronen in den Orbitalen Platz finden. Zunächst füllt man das 1s-Orbital mit zwei Elektronen auf, danach folgt das 2s. Die 2p-Orbitale werden zunächst einfach besetzt, bevor das letzte Elektron ein p-Orbital doppelt besetzt.

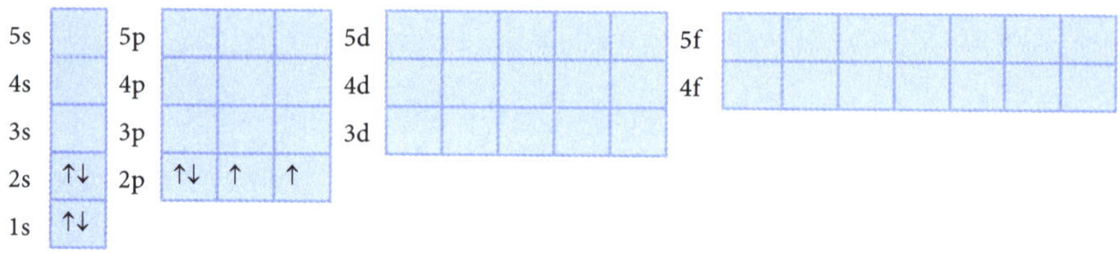

Die vereinfachte Schreibweise lautet also: $1s^2\ 2s^2\ 2p^4$

Bsp: Elektronenkonfiguration von Eisen ($_{26}Fe$)

Es müssen 26 Elektronen in den Orbitalen Platz finden. Zunächst füllt man die Orbitale entsprechend ihrer Energie auf. Beachte dabei, dass bei energiegleichen Orbitalen immer zuerst eine Einfachbesetzung erfolgt, bevor doppelt besetzt wird.

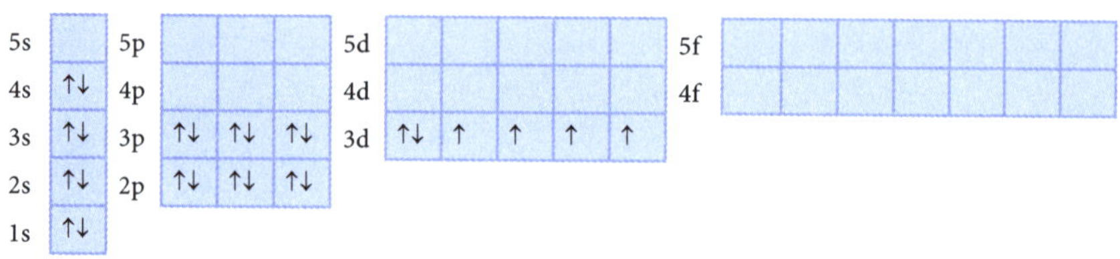

Die vereinfachte Schreibweise lautet also: $1s^2\ 2s^2\ 2p^6 3s^2 3p^6 3d^6 4s^2$

Im Folgenden seht ihr verschiedene Beispiele, wie man beobachtbare Phänomene mit den unterschiedlichsten Modellen erklären kann.

Beispiel 1: „50 + 50 muss nicht 100 sein!“

Um zum Beispiel zu erklären, warum ein Zusammenschütten von 50 ml Wasser mit 50 ml Ethanol nur 98 ml Gemisch ergibt, reicht es aus, sich die Atome entsprechend des Modells nach Dalton als Kugeln vorzustellen. Die Erklärung liegt in der unterschiedlichen Teilchengröße von Wasser und Ethanol.

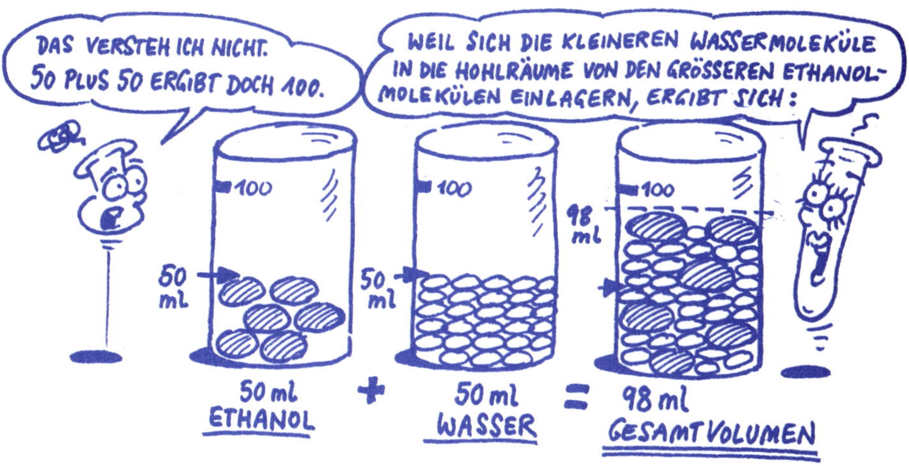

Beispiel 2: „Prosit Neujahr“

Mit dem Bohrschen Atommodell kann man z.B. sehr gut erklären, warum wir jedes Jahr zu Silvester einen bunten Nachthimmel erblicken. Manche Elemente zeigen die Eigenschaft, dass sie nach Anregung durch thermische Energie farbiges Licht abgeben. Dieses Phänomen nützt man zum Beispiel in der Pyrotechnik aus, um nach der Explosion der Feuerwerksrakete ein farbiges Schauspiel zu erleben.

Begründung

Aufgrund ihres hohen Energiegehalts können vor allem die Valenzelektronen Energie aus der Umgebung aufnehmen und aus ihrer Schale (**Grundzustand**) in eine unbesetzte, noch höhere Schale „springen“. Das Elektron befindet sich nun in einem **angeregten Zustand**, in dem es nur sehr kurz verweilt (Verweildauer: ca. 10^{-8} s). Bei der Rückkehr in den Grundzustand gibt es die zuvor aufgenommene Energie in Form von Licht wieder ab.

Beispiel 3: „Orbitale überlappen sich"

Das Zustandekommen einer Atombindung lässt sich mithilfe des Orbitalmodells besonders gut erklären. Bilden zwei Atome ein Molekül, überlappen sich die jeweiligen Atomorbitale zu einem gemeinsam genützten Molekülorbital. Im Molekül besitzen die Bindungselektronen somit einen größeren Aufenthaltsraum.

Kapitel 3

BETRIEBSBESICHTIGUNG IN DER FIRMA PSE

Periodensystem der Elemente

Betriebsbesichtigung in der Firma PSE

PSE – Das PeriodenSystem der Elemente

Das **P**erioden**S**ystem der **E**lemente ist eine tabellarische Anordnung, aus der sich eine Fülle von Informationen ablesen lässt. Für den Chemiker ist es fast so etwas wie die Heilige Schrift. So kann man z.B. Aussagen über die Zusammensetzung des Atoms, die Atomgröße oder über das Bindungs- und Reaktionsverhalten treffen, wenn man nur die Position des Elements im PSE ausfindig gemacht hat.

Stellen wir uns diese Tabelle einmal als Firma vor und jedes Element entspräche einem Mitarbeiter. Wie in jedem Unternehmen gibt es auch hier mehrere Etagen, Abteilungen, Büros und interne Gruppierungen.

Ordnungszahl

Im PSE erhält jede Atomart eine **Ordnungszahl** zugewiesen. Diese Zahl ist natürlich nicht zufällig gewählt, sondern entspricht der Anzahl der Protonen im Kern. Zur Zeit kennt man 93 in der Natur vorkommende Elemente. Durch

Beschuss mit Protonen lassen sich allerdings noch größere Elemente herstellen. Das größte bisher bekannte Element, das man künstlich herstellen kann, hat 118 Protonen im Kern. Dieses Element ist nur für wenige Millisekunden stabil und trägt den Namen *Ununoctium* (von lat. *unus* „eins“ (2×) und lat. *octo* „acht“). Es besitzt im Periodensystem daher die Ordnungszahl 118.

Perioden

Für die Auflistung aller Elemente benötigt unsere PSE-Tabelle nur sieben Zeilen. Aus gutem Grund – denn die Elemente einer Zeile besitzen alle die selbe Anzahl von Elektronenschalen. Diese Reihen nennt man im Periodensystem übrigens **Periode**. So enthalten z.B. die Elemente der zweiten Periode auch alle zwei Schalen. Da die allergrößten Atome maximal sieben Schalen besitzen, kann es auch nicht mehr Perioden geben.

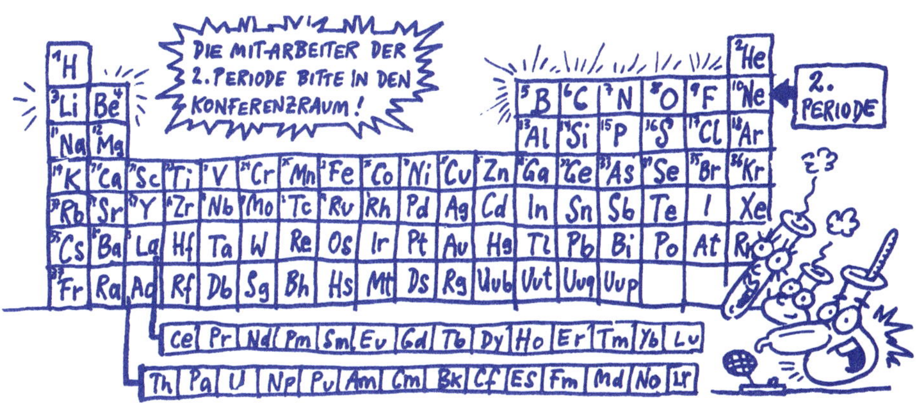

Gruppen

Eine Tabelle besitzt natürlich auch Spalten. Und die sind für den Chemiker von allergrößter Bedeutung. Alle Elemente, die untereinander stehen, besitzen dieselbe Anzahl an Außenelektronen („**Valenzelektronen**"). Und weil eben diese Valenzelektronen für die chemischen Eigenschaften eines Elements hauptverantwortlich sind, ähneln sich untereinander stehende Elemente sehr stark. Aus diesem Grund fasst man die Elemente einer Spalte auch zu sogenannten **Gruppen** zusammen.

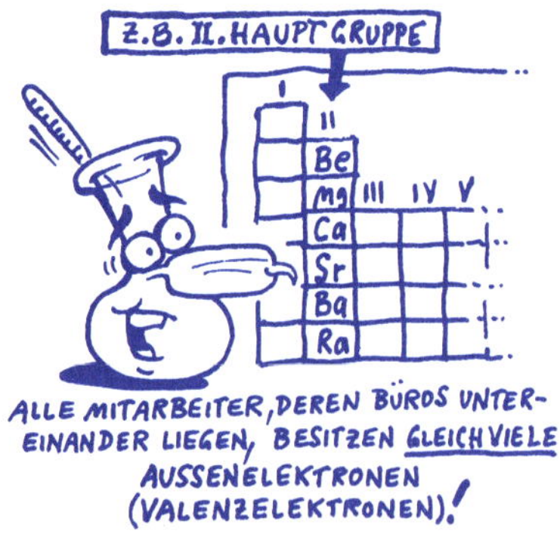

Durch die Ordnung der Elemente im Periodensystem lassen sich die vielen Elemente zusätzlich zu sogenannten Großgruppen zusammenfassen.

Großgruppen im Periodensystem

Einteilung nach Orbitalarten	Einteilung nach elektrischer Leitfähigkeit
Hauptgruppenelemente	Metalle
Nebengruppenelemente	Halbmetalle
Lanthanoide & Actinoide	Nichtmetalle

Gruppenbildung nach Orbitalarten

Bei dieser Art von Gruppenbildung fasst man jene Elemente zusammen, deren Valenzelektronen ähnliche Orbitalarten aufweisen. Dadurch ergibt sich folgende interessante und wichtige Unterteilung in *Hauptgruppenelemente, Nebengruppenelemente, Lanthanoide* und *Actinoide.*

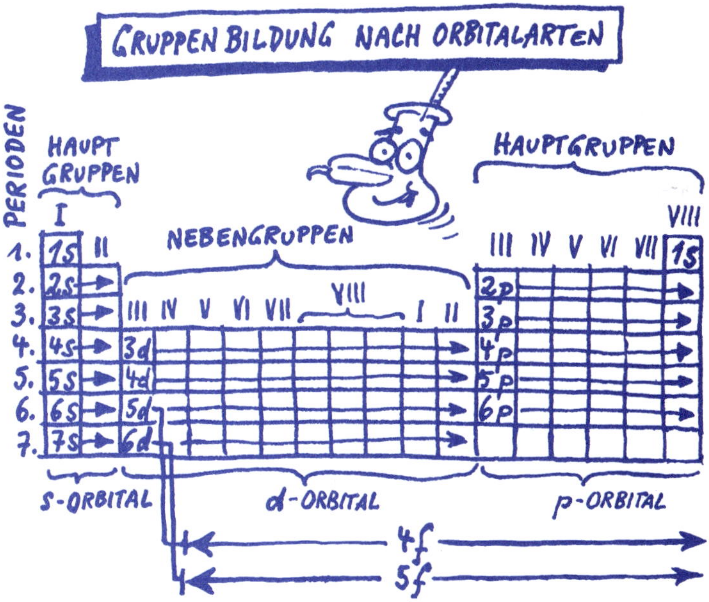

Hauptgruppenelemente

Bei den Hauptgruppenelementen handelt es sich um Atome, bei denen die äußersten Elektronen in s- bzw. p-Orbitalen verteilt sind. Sie unterscheiden sich in ihren chemischen Eigenschaften in weiten Grenzen. Bei den Hauptgruppenelementen kann man übrigens sehr leicht die Anzahl der Valenzelektronen ermitteln. *Die Zahl der Valenzelektronen entspricht genau der Hauptgruppennummer.*

Wenn nun $_{4}Be$ und $_{12}Mg$ beide in der zweiten Hauptgruppe stehen, dann heißt das, dass beide zwei Valenzelektronen besitzen. Das Wissen um die Art bzw. Anzahl der Valenzelektronen lässt wichtige Voraussagen über Bindungen und vieles mehr zu! Aber das ist eine andere Geschichte.

1. Hauptgruppe	2. Hauptgruppe	3. Hauptgruppe	4. Hauptgruppe
1 Valenzelektron	2 Valenzelektronen	3 Valenzelektronen	4 Valenzelektronen
„Alkalimetalle“	**„Erdalkalimetalle“**	**„Borgruppe“**	**„Kohlenstoffgruppe“**
(H)			
Li	Be	B	C
Na	Mg	Al	Si
K	Ca	Ga	Ge

5. Hauptgruppe	6. Hauptgruppe	7. Hauptgruppe	8. Hauptgruppe
5 Valenzelektronen	6 Valenzelektronen	7 Valenzelektronen	8 Valenzelektronen
„Stickstoffgruppe“	**„Chalkogene“**	**„Halogene“**	**„Edelgase“**
			He
N	O	F	Ne
P	S	Cl	Ar
As	Se	Br	Kr

Nebengruppenelemente

Bei diesen Elementen ist das nach dem Aufbauprinzip zuletzt hinzugekommene Elektron ein d-Elektron einer inneren Schale. Da viele dieser Elektronen schon durch die Wechselwirkung mit Licht angeregt werden können, sind viele Nebengruppenelemente **farbig**. Diesem Umstand verdanken wir die Farbenpracht vieler Mineralien, da in diesen eben oft Nebengruppenelemente eingelagert sind.

Lanthaniode und Actiniode

Diese beiden Elementgruppen stehen in der sechsten bzw. siebten Periode und folgen den Elementen $_{57}$**Lanthan** bzw. $_{89}$**Actinium**. Ihnen allen ist gemeinsam, dass die zuletzt hinzugekommenen Elektronen ein f-Orbital besetzen, das zur zweitletzten Schale gehört. Da die Energieunterschiede zwischen den verschiedenen **f-Elektronen** sehr gering sind, unterscheiden sich die Lanthanoiden und Actinoiden kaum. Sie alle sind silbrig glänzende Elemente mit typisch metallischen Eigenschaften.

Gruppenbildung nach der Leitfähigkeit

Durch die Gruppenbildung nach der Leitfähigkeit lässt sich ableiten, wie leicht die Elemente ihre eigenen Valenzelektronen abgeben bzw. andere aufnehmen. Wenn man das weiß, ist jedes Element „geoutet" und man kann Prognosen aufstellen, wer mit wem wie zusammengeht.

Metalle

Mit ca. 80 Elementen stellen die Metalle den größten Anteil im Periodensystem dar. Sie alle leiten den Strom, wobei sich die Leitfähigkeit bei Erhöhung der Temperatur verringert. Elemente mit dieser Eigenschaft haben auch gemeinsam, dass ihre Valenzelektronen nur locker am Kern gebunden sind und sie diese somit relativ leicht abgeben können.

Halbmetalle

Sie leiten zwar wie die Metalle den Strom, allerdings steigt die Leitfähigkeit erst mit Erhöhung der Temperatur. Um sie im Periodensystem leicht zu finden, zieht man eine Art Diagonale von Bor über Silizium, Arsen und Tellur zum Astat.

Nichtmetalle

Sie leiten den Strom nicht und zählen somit zu den Isolatoren. Im Periodensystem findet man sie rechts von den Halbmetallen. Sie bilden nur eine kleine Gruppe von 16 Elementen. Weil allerdings die Elemente dieser Gruppe auf unserem Planeten am häufigsten vertreten sind, werden wir oft einen Blick auf die Nichtmetalle werfen! Die wichtigste Gemeinsamkeit der Nichtmetalle ist ihre große „Elektronengierigkeit". Das heißt, sie geben erstens ihre Valenzelektronen kaum ab und zweitens ziehen sie sogar „fremde" Elektronen an. Damit sind sie die erklärten Partner der Metalle.

Das Tolle am Periodensystem ist, dass man anhand der Position eines Elements viele Eigenschaften, wie Ordnungszahl, Protonen- und Elektronenzahl, Anzahl der Schalen und Zuordnung zu den Metallen oder Nichtmetallen ablesen kann.

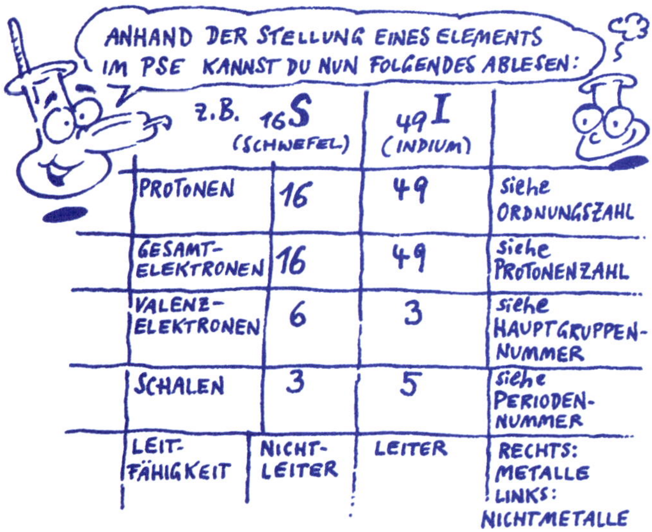

Genauso wie in der Firma PSE lassen sich mithilfe des Periodensystems sogar Eigenschaften, wie z.B. Atomradius, Ionisierungsenergie und Elektronegativität, anhand der Stellung einschätzen.

Atomradius

Die Atomradien nehmen innerhalb einer Gruppe von oben nach unten zu! Der Grund dafür ist, dass von oben nach unten auch die Anzahl der Schalen wächst.

Die Atomradien nehmen innerhalb einer Periode von links nach rechts, also mit steigender Ordnungszahl, ab.

Dies scheint auf den ersten Blick überraschend, da ja von links nach rechts die Anzahl der Kernteilchen und der Elektronen zunimmt. Weil aber nicht so sehr die Anzahl, sondern eher die Ausdehnung der Elektronen eine Rolle spielt, und z.B. 9 Elektronen von 9 Protonen stärker angezogen werden als 3 Elektronen von 3 Protonen, sind die Elemente einer Periode mit mehr Protonen im Kern kleiner als die mit weniger Kernteilchen.

Wie wichtig die Atomgröße für die Stabilität von Verbindungen ist, soll folgendes Beispiel illustrieren. Trinkt jemand über einen längeren Zeitraum Mineralwasser, das viel *Strontium* enthält, dann kann dies nach Jahren dazu führen, dass die Knochen brüchiger werden. Die Erklärung dafür ist relativ einfach. Weil *Strontium* in derselben Hauptgruppe steht wie Kalzium, weisen beide Elemente auch ähnliche Eigenschaften auf. Somit baut der Körper nicht nur das Kalzium, sondern auch das Strontium in die Knochen ein. Da aber nun das *Strontium* viel größer ist als das *Kalzium*, führt dies zu einer Instabilität der Knochenmatrix.

Ionisierungsenergie

Die Ionisierungsenergie ist jene Energie, die nötig ist, um ein Atom zu ionisieren, das heißt also, um ein Elektron aus der Hülle eines Elements zu entfernen.

Je weiter ein Elektron vom Atomkern entfernt ist, desto schwächer ist es gebunden und desto geringer ist seine Ionisierungsenergie. Somit nehmen die Ionisierungsenergien innerhalb einer Gruppe von oben nach unten ab, während sie innerhalb einer Periode von links nach rechts zunehmen.

Elektronegativität (EN)

Eine der wichtigsten Größen für das Erklären chemischer Phänomene ist die Elektronegativität. Mit ihrer Hilfe lassen sich viele Eigenschaften und so manches Reaktionsverhalten von Molekülen erklären bzw. vorhersagen.

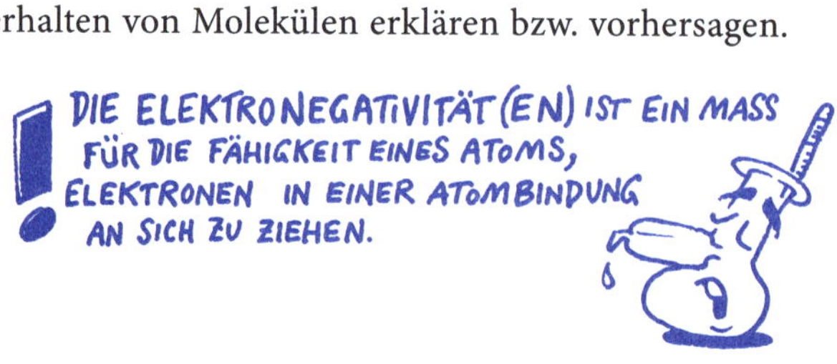

Um die Elektronegativität eines Elements nicht auswendig lernen zu müssen, kann man sie aufgrund der Position eines Elements im Periodensystem leicht abschätzen.

Hierfür muss man nur wissen, dass Fluor die absolut höchste EN besitzt (es wurde willkürlich mit dem Wert 4 versehen) und dass mit wenigen Ausnahmen die EN ausgehend vom Fluor nach links sowie nach unten hin abnimmt.

Die Anordnung der Elemente im Periodensystem erfolgt nach der Anzahl der Protonen und der Schalen. Dadurch ergibt sich die Möglichkeit, die Elemente in bestimmte Großgruppen zu unterteilen.

Vor allem die Elemente einer Hauptgruppe besitzen aufgrund gleicher Valenzelektronenzahl auch ähnliche Eigenschaften.

Die Stellung eines Elements im Periodensystem verrät sehr viel über seine Eigenschaften und sein Reaktionsverhalten: Während Metalle z.B. ihre Valenzelektronen sehr leicht abgeben, nehmen Nichtmetalle Elektronen gierig auf.

Kapitel 4

CHEMLAND SUCHT DEN EDELGAS-STAR

Atomverbände

Chemland sucht den Edelgas-Star

Atome kommen in unserer Umwelt selten einzeln vor, sondern schließen sich meist zu **Verbänden** zusammen. Der Grund dafür ist schnell erklärt:

Einzelne Atome sind sehr instabile und damit reaktionsfreudige Teilchen, da sie als Singles einen sehr hohen energetischen Zustand einnehmen. Grundsätzlich gilt: je energieärmer, desto stabiler! Stabilität, also einen energieärmeren Zustand, erreichen Atome, indem sie mit anderen Atomen einen Verband eingehen.

Entsteht ein neuer Atomverband, kommt es vor allem zu einer neuen Verteilung der Außenelektronen. Und gerade durch diese Umverteilung der Valenzelektronen können energieärmere, also stabilere Zustände entstehen. Bei dieser Umverteilung der Valenzelektronen streben die Elemente oft danach, wie die Edelgase **acht Valenzelektronen** zu besitzen. Dieses Bestreben nennt man übrigens auch **„Oktettregel“** (Okta; griech. acht).

Metallatome erreichen den Oktettzustand stets durch **Abgabe** all ihrer Valenzelektronen.

Nichtmetallatome erreichen den Oktettzustand stets durch **Aufnahme** von Valenzelektronen.

Die Kräfte, die die Teilchen in einem Verband zusammenhalten, resultieren fast immer aus Anziehungskräften zwischen entgegengesetzten Ladungen. Eine Ausnahme ist nur die Atombindung. Bei allen anderen Bindungstypen halten die Teilchen zusammen, weil sich positive und negative Ladungen anziehen!

Wenn nun Atome die Möglichkeit haben, einen Teilchenverband einzugehen, dann entscheiden vor allem die Elektronegativitätsunterschiede zwischen den Partnern, welcher von vier möglichen Verbänden eingegangen wird. Die Zuordnung eines Atoms zu Metall oder Nichtmetall ermöglicht hier allgemeine Voraussagen:

Bindungstyp	**Partner**	**Bezeichnung des Verbands**
Metallbindung	Metall- und Metallatome	Metallgitter
Ionenbindung	Metall- und Nichtmetallatome	Ionengitter
Atombindung	Nichtmetall- und Nichtmetallatome	Molekül
Komplexbindung	Metallatome und Moleküle oder Ionen	Komplex

Die Metallbindung

Kehren wir nun zurück zu unserem Wettbewerb, wo es darum geht, die „Edelgas-Stars" möglichst perfekt nachzuahmen. Die ersten, die sich der Jury stellen, treten als „The Metallic-Gospel-Chorus" auf. Sie bilden eine riesige Formation und bestechen durch ihr massives Auftreten.

Die Metallbindung entsteht zwischen Partnern mit ähnlich niedriger Elektronegativität – also zwischen Metallatomen. Gehen solche Atome einen Verband ein, geben sie all ihre Valenzelektronen ab und verlieren so ihre äußere Schale. Die nächst tiefer liegende Schale entspricht der eines Edelgases, womit der Oktettregel Genüge getan wurde und die Teilchen nun stabiler sind als vorher.

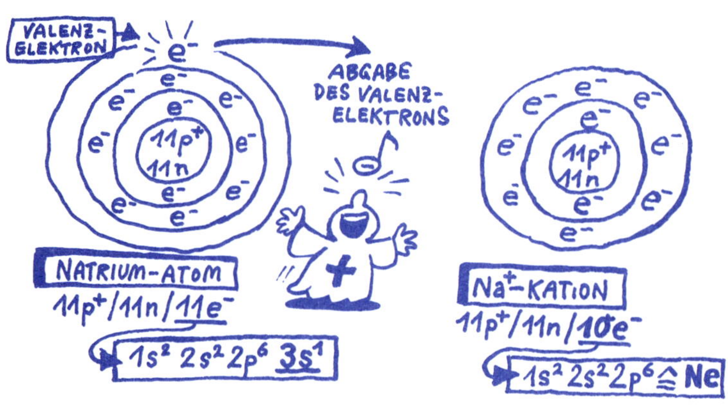

Die Valenzelektronen werden bei diesem Vorgang abgegeben und sind keinem bestimmten Atom mehr zugeordnet. Sie können sich zwischen den positiv geladenen Atomrümpfen nahezu frei bewegen. Daher nennt man diese Elektronen auch **„Elektronengas"**. Sie sind verantwortlich für die gute elektrische Leitfähigkeit und auch die Wärmeleitfähigkeit von Metallen.

Durch die Elektronenabgabe erlangen die Atome allesamt eine positive Ladung – es entstehen somit Metallkationen. Zusammengehalten werden die Metallkationen durch die Anziehung mit den zwischen den Ionen befindlichen negativ geladenen Elektronen. Den dreidimensionalen Teilchenverband nennt man auch **„Metallgitter"**.

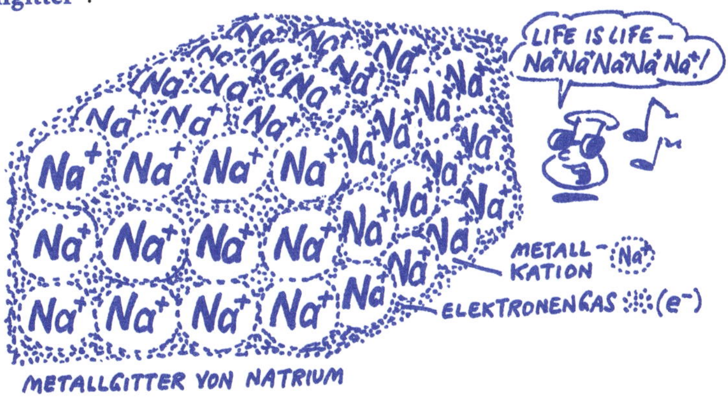

Bei der Kationbildung werden bei den Hauptgruppenelementen immer sämtliche Valenzelektronen abgegeben. Die Ladungszahl entspricht somit immer genau der Hauptgruppennummer!

	Chemische Symbole der Metalle	**Kationen im Metallverband**
1. Hauptgruppe:	Li, Na, K	Li^+, Na^+, K^+
2. Hauptgruppe:	Be, Mg, Ca	Be^{2+}, Mg^{2+}, Ca^{2+}
3. Hauptgruppe:	B, Al, Ga	B^{3+}, Al^{3+}, Ga^{3+}

Bei den Nebengruppenelementen spielt die Oktettregel keine so große Rolle mehr und die Elemente können unterschiedlich viele ihrer Außenelektronen abgeben. Meist sind sie zweifach positiv geladen.

Die Zusammensetzung eines Metallgitters gibt man mithilfe einer **chemischen Formel** an. Die chemische Formel beschreibt dabei immer die kleinstmögliche Einheit eines Teilchenverbands.

Da ein Reinmetall aus lauter gleichen Metallatomen aufgebaut ist, steht das chemische Symbol gleichzeitig auch für die Formel des Stoffs.

Auflösung eines Metallgitters

So stabil ein Metallgitter auch ist, es kann durch Säuren auch wieder zerstört werden. Für diesen Vorgang sind vor allem die H^+-Ionen verantwortlich, die von den Säuren gebildet werden. Diese H^+-Ionen können die Elektronen aus dem Metallgitter herausreißen und für sich zur Bildung von H_2-Gas in Anspruch nehmen. Somit stehen sich im Metallgitter gleich geladene Metallkationen gegenüber, die sich nun abstoßen und einzeln in Lösung gehen. Handelt es sich hierbei um Metallkationen der Hauptgruppenelemente, können diese mit Licht nicht mehr wechselwirken, wodurch die Lösung immer farblos und durchsichtig erscheint. → „Das Metall hat sich aufgelöst".

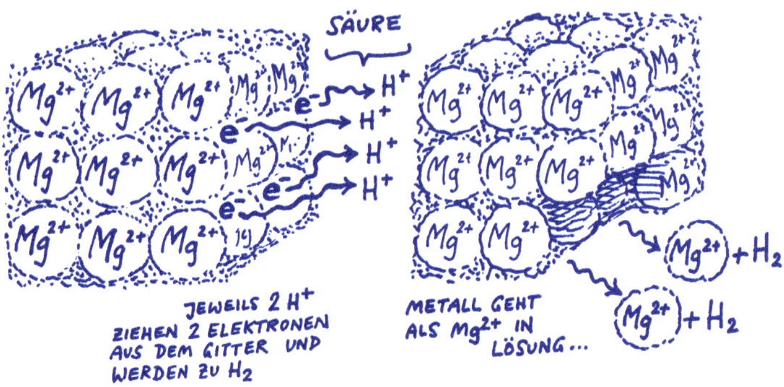

Somit können für Metallatome folgende Zustände existieren:

- Liegen Metallkationen im Metallgitter vor, spricht man vom **metallischen Zustand** und sie besitzen typische metallische Eigenschaften wie Glanz, Härte, Leitfähigkeit etc.
- Sind Metallkationen in einer Flüssigkeit einzeln frei beweglich, spricht man vom **aufgelösten** oder **ionisierten Zustand** und sie besitzen keine typisch metallischen Eigenschaften mehr.

Spricht ein Mediziner davon, dass in einem lebenden Organismus Metalle eine wichtige biologische Funktion erfüllen, wie z.B. Eisen im Blut, dann liegen diese Metalle stets im ionisierten Zustand vor.

Die Ionenbindung

Der zweite Beitrag zu unserem Wettbewerb stammt von der chinesischen "Pshing-Bum-Ion-Trommel-Truppe". Sie bilden wie der Metallic-Gospel-Chorus ein riesenstarkes Team. Anders als beim ersten Beitrag musizieren in der Trommeltruppe zwei verschiedene Musikertypen.

Ionenbindung entsteht zwischen Partnern mit stark unterschiedlicher Elektronegativität. Der Unterschied in der Elektronegativität beträgt dabei mehr als 1,8 ($\Delta EN > 1,8$).

Ionenverbindungen entstehen somit zwischen Metall- und Nichtmetallatomen. Während der Zusammenlagerung geben die Metallatome ihre Valenzelektronen an die Nichtmetallatome ab. Durch diese Elektronenübertragung entstehen gleichzeitig positive Metallkationen und negative Nichtmetallanionen.

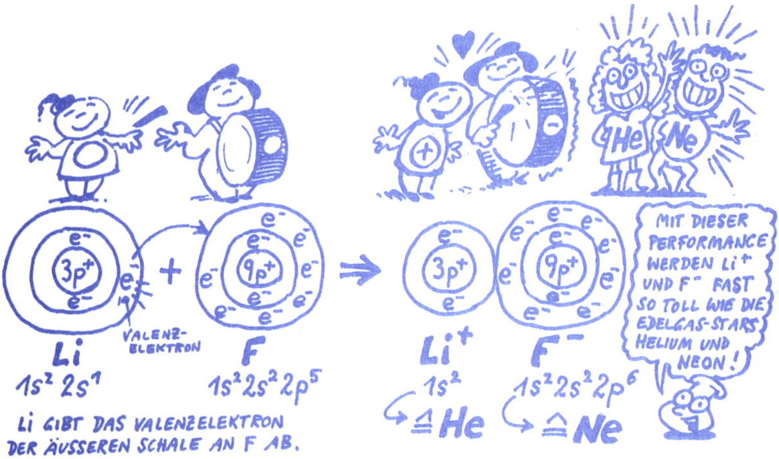

So erreichen beide Atome als **Ionen** einen Edelgaszustand!

Lithium besitzt immer drei Protonen im Kern. Durch die Abgabe des einen Valenzelektrons hat es nur noch zwei Elektronen. Es entsteht ein einfach positiv geladenes Ion – ein **Kation**. Mit diesen zwei Elektronen besitzt das Li dieselbe Elektronenkonfiguration wie Helium.

Fluor, mit seinen neun Protonen im Kern, besitzt durch die Aufnahme eines Elektrons plötzlich zehn Elektronen. Somit wird es ein einfach negativ geladenes Ion – ein **Anion**. Mit seinen zehn Elektronen entspricht dies der Elektronenkonfiguration des Edelgases Neon.

Man darf jedoch nicht annehmen, dass sich bei der Ionenbindung immer nur ein Kation mit einem Anion verbindet. Da die entstehenden Ladungen räumlich nach allen Seiten wirken, bilden die Ionen einen dreidimensionalen Verband, ein **Ionengitter**. Ionenverbindungen werden allgemein auch als **Salze** bezeichnet.

IONENGITTER VON LITHIUMFLUORID

Damit die Atome in der Ionenbindung Edelgaskonfiguration erreichen, gibt es für Metall- und Nichtmetallatome unterschiedliche Strategien:

Metallatome geben immer all ihre Valenzelektronen ab! (Ladungszahl = Gruppennummer)

Nichtmetallatome nehmen immer so viele Elektronen auf, dass sie auf acht Valenzelektronen kommen. (Ladungszahl = Gruppennummer minus acht)

Gruppe	Zuordnung	Elemente	Ladung	Beispiele
1	Metalle	Li, Na	Einfach positiv	Li^+, Na^+
2	Metalle	Be, Mg	Zweifach positiv	Be^{2+}, Mg^{2+}
3	Metalle	B, Al	Dreifach positiv	B^{3+}, Al^{3+}
4	Metalle	Sn, Pb	Vierfach positiv	Sn^{4+}, Pb^{4+}
4	Nichtmetalle	C	Vierfach negativ	C^{4-}
5	Nichtmetalle	N, P	Dreifach negativ	N^{3-}, P^{3-}
6	Nichtmetalle	O, S	Zweifach negativ	O^{2-}, S^{2-}
7	Nichtmetalle	F, Cl	Einfach negativ	F^-, Cl^-

Nomenklatur (Namensgebung) von Salzen

An den deutschen Namen des Metallatoms hängt man den lateinischen Namen (meist gekürzt) des Nichtmetallatoms und die Endung -id an.

Symbol	Bezeichnung	Symbol	Bezeichnung
F^-	Fluorid	S^{2-}	Sulfid
Cl^-	Chlorid	N^{3-}	Nitrid
Br^-	Bromid	O^{2-}	Oxid
I^-	Iodid	C^{4-}	Carbid
$P3^-$	Phosphid	OH^-	Hydroxid

Wie bei der Metallbindung beschreibt die Formel einer Ionenverbindung die kleinste Einheit des Verbands. Am einfachsten geht dies, wenn nur das Mengenverhältnis von Kationen und Anionen im Verband angegeben wird.

Welches Verhältnis die Metalle mit den Nichtmetallen eingehen, ergibt sich aus der Bedingung, dass die Summe der Ladungszahlen der Ionen null sein muss!

Um anhand des Namens eines Salzes die Formel zu ermitteln, geht man wie folgt vor:

- Als Erstes ermittelt man die Formel der beteiligten Atome!
- Danach schreibt man die Ladungszahl der Ionen an!
- Zuletzt muss man mit einem tiefergestellten Index das Verhältnis der Ionen so hinbekommen, dass genauso viele positive wie negative Ladungen vorhanden sind. Für eine bessere Übersichtlichkeit verzichtet man allerdings in der Formel auf die Ladungen.

Name	**Kation**	**Anion**	**Formel**
Calciumchlorid	Ca^{2+}	Cl^-	$CaCl_2$
Calciumoxid	Ca^{2+}	O^{2-}	CaO
Natriumsulfid	Na^+	S^{2-}	Na_2S
Aluminiumoxid	Al^{3+}	O^{2-}	Al_2O_3
Strontiumcarbid	Sr^+	C^{4-}	Sr_4C

Die Formeln beschreiben das Mengenverhältnis zwischen den Ionen im Verband. Beim Calciumchlorid kommen also zwei Chloridionen auf ein Calciumion. Durch dieses Verhältnis ist das Salz nach außen neutral.

Löslichkeit von Salzen in Wasser

So stabil eine Ionenbindung auch ist, lässt sich dieser Verband relativ leicht durch Wasser wieder auflösen. Beim Lösevorgang umgeben die Wassermoleküle die Ionen des Salzkristalls. Diesen Vorgang nennt man in der Fachsprache **Hydratisierung**. Dabei gehen die Anziehungskräfte zwischen den Kationen und Anionen verloren und die einzelnen hydratisierten Ionen können sich frei in der Lösung bewegen. Einzelne Ionen sind nun für das Auge nicht mehr sichtbar. "Das Salz hat sich aufgelöst."

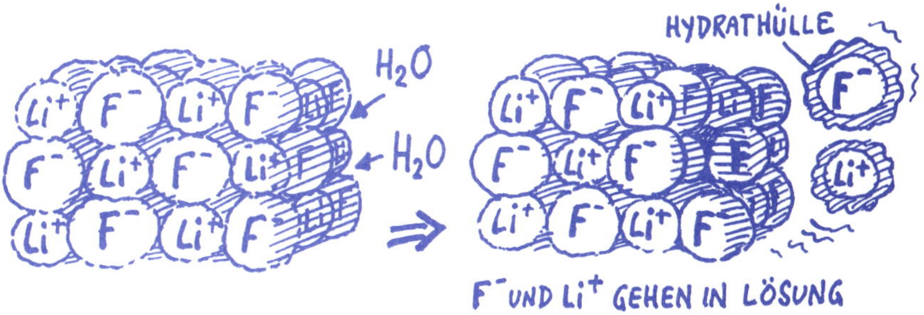

Hydrathülle: Wassermoleküle, die das Ion umlagern

Hydratisierung: Bildung einer Hydrathülle um ein Ion

Hydratisierte Ionen werden oft auch mit aq (lat. aqua, Wasser) gekennzeichnet, z.B. Na^+ (aq) bzw. Cl^- (aq).

Je nach Aussehen einer Salzlösung kann man sowohl die Vollständigkeit der Auflösung einschätzen als auch eine Voraussage treffen, welche Metallionen hydratisiert sind.

- **Klare** (durchsichtige) Salzlösung = vollständig aufgelöstes Salz
- **Trübe** Salzlösung = unvollständig aufgelöst: Trifft Licht auf feste Partikel, die sich nicht aufgelöst haben, wird der Lichtstrahl gestreut.
- **Farblose** Salzlösung: Licht kann mit den hydratisierten Ionen nicht wechselwirken und tritt ungehindert hindurch. Dies trifft vor allem für die Hauptgruppenelemente zu.
- **Farbige** Salzlösungen: Hydratisierte Ionen aus den Nebengruppen können sichtbares Licht absorbieren und erscheinen deshalb farbig.

Atombindung oder Elektronenpaarbindung

Die dritten Teilnehmer, die sich der Konkurrenz stellen, unterscheiden sich deutlich von den bisherigen Beiträgen. Während der „Metallic-Gospel-Chorus" und die „Pshing-Bum-Trommel-Truppe" durch ihre große Formation auffielen, bestehen die „Molecools" nur aus zwei Sängern. Mal sehen, wie die beiden die Wettbewerbsvorgaben erfüllen.

Atombindung entsteht zwischen Partnern mit hoher Elektronegativität, wobei die Unterschiede in der Elektronegativität gering sein müssen ($\Delta EN < 1{,}8$). Die Atombindung entsteht somit zwischen Nichtmetallatomen.

Die Ausbildung von solchen kovalenten Bindungen darf eigentlich nicht einfach auf elektrostatische Anziehungskräfte reduziert werden. Für eine genaue Beschreibung dieses Bindungstyps ist eine ganze Menge Quantenmechanik notwendig. Um sich aber grundsätzlich einen Überblick zu verschaffen, haben wir uns hier darauf beschränkt.

Die Bindung erfolgt also durch das Zusammenlagern zweier Valenzelektronen zu einem gemeinsamen Elektronenpaar. Die Bindungselektronen stehen beiden Atomen zur Verfügung. Sie positionieren sich bevorzugt zwischen den positiven Kernen und halten so die Atome zusammen!

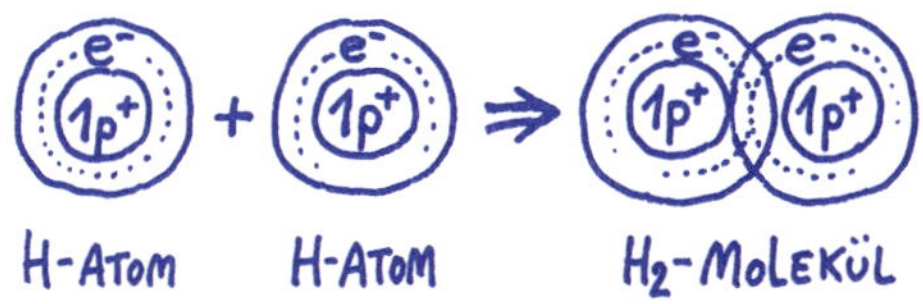

Durch die gemeinsame Elektronenwolke erreichen die Bindungspartner in ihrer äußersten Schale gleich viele Elektronen wie die Edelgase und somit einen stabileren Zustand.

Atomverbände, die durch Atombindung zusammengehalten werden, nennt man **Moleküle**.

Für spätere Diskussionen ist es wichtig, die Valenzelektronen der Atome symbolisch in der Formel anzuzeigen. Jene Elektronenpaare, die die Atome zusammenhalten, nennt man **bindende Elektronenpaare**. Sie werden mit einem Bindestrich zwischen den chemischen Symbolen der Atome angegeben. Je nach Anzahl dieser bindenden Elektronenpaare spricht man von Einfachbindung, Doppel- oder Zweifachbindung und Dreifachbindung.

Liegen im Atom neben den Bindungselektronen noch weitere Valenzelektronen vor, sprechen wir von **freien** oder **nichtbindenden** Elektronen. Diese werden entweder mit einem Punkt (steht für ein einzelnes Elektron) oder mit einem Balken (steht für ein Elektronenpaar) ausgedrückt und um das Elementsymbol gezeichnet.

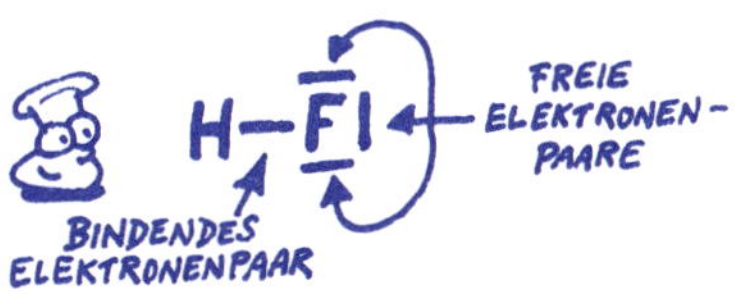

Für das Anschreiben von Molekülen gibt es nun drei Formelarten:

- Die **Strukturformel** gibt genau an, wie Atome miteinander verknüpft sind. Bindende und freie Elektronenpaare werden eingezeichnet.
- Die **vereinfachte Strukturformel** gibt nur die bindenden Elektronenpaare an.
- Die **Summenformel** verzichtet gänzlich auf die Bindungsverhältnisse und drückt nur die Anzahl der Atome durch einen tiefergestellten Index nach dem Elementsymbol aus.

In der nachfolgenden Tabelle findest du einige bekannte Moleküle in verschiedenen Formelarten. Wie du siehst, gibt es auch „Molecoole“ mit mehr als nur zwei Sängern.

MOLEKÜL-NAME	SUMMEN-FORMEL	STRUKTUR FORMEL	VEREINFACHTE STRUKTUR-FORMEL
WASSER-STOFF	H_2	H–H	H–H
CHLOR	Cl_2	$\vert\overline{\underline{Cl}}-\overline{\underline{Cl}}\vert$	Cl–Cl
SAUER-STOFF	O_2	$\overline{\underline{O}}=\overline{\underline{O}}$	O=O
STICK-STOFF	N_2	$\overline{N}\equiv\overline{N}$	N≡N
WASSER	H_2O	$H-\overline{\underline{O}}-H$ (gewinkelt)	H–O–H (gewinkelt)
KOHLEN-DIOXID	CO_2	$\overline{\underline{O}}=C=\overline{\underline{O}}$	O=C=O

Elektronenpaar-Abstoßungsmodell (EPA-Modell)

Das Modell erklärt die räumliche Gestalt von Molekülen. Das Wissen darüber macht viele Eigenschaften und so manches Reaktionsverhalten von Molekülen verständlich.

Zur Ermittlung der räumlichen Gestalt musst du Folgendes bedenken:

- Die Elektronen der inneren Schalen sind für die räumliche Gestalt des Moleküls unbedeutend.
- Die Valenzelektronenpaare des Zentralatoms (sowohl bindende als auch freie) ordnen sich aufgrund der gleichen Ladung so an, dass sie den größtmöglichen Abstand einnehmen.
- Elektronenpaare einer Mehrfachbindung werden wie ein einzelnes Elektronenpaar behandelt.

Die folgende Tabelle zeigt, wie aus der Summenformel eines Stoffs die Struktur ermittelt wird und welche Bezeichnung es dafür gibt:

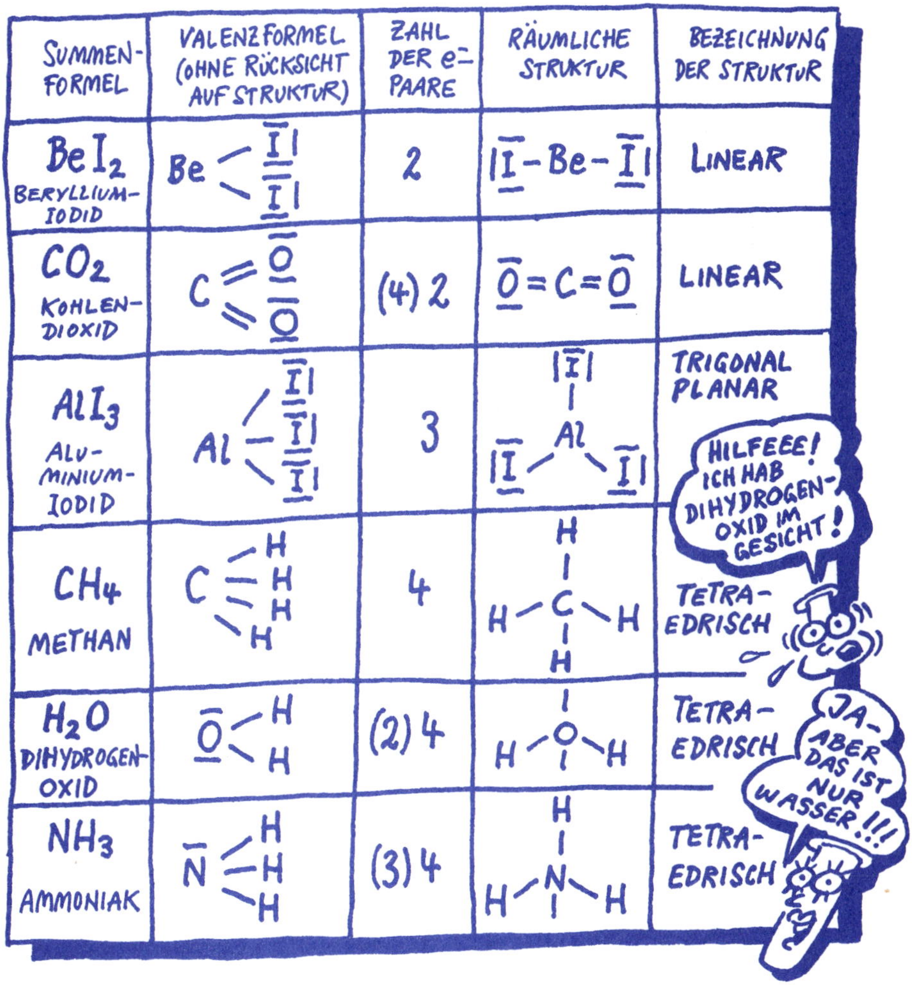

Die polarisierte Atombindung

In unserem Wettbewerb gibt es einen unerwarteten Mitbewerber. Das Paar mit dem Namen „Los Dipolitos" wagt sich wie das Vorgängerteam nur zu zweit auf die Bühne. Auffallend ist, dass einer der Sänger sehr dominant wirkt.

Infolge unterschiedlicher Elektronegativitäten kommt es zu Verschiebungen der Bindungselektronen.

Zwischen zwei Atomen einer Atombindung zieht das Element mit der höheren Elektronegativität die Bindungselektronen stärker an sich. Aufgrund dieser Elektronenverschiebung bilden sich ein positiver und ein negativer Pol aus. Während die elektropositivere Partialladung (Teilladung) mit $\delta+$ bezeichnet wird, steht $\delta-$ für das elektronegativere Element.

Derartige Bindungen nennt man polarisierte Atombindungen, deren Moleküle heißen polare Moleküle oder auch **Dipolmoleküle**.

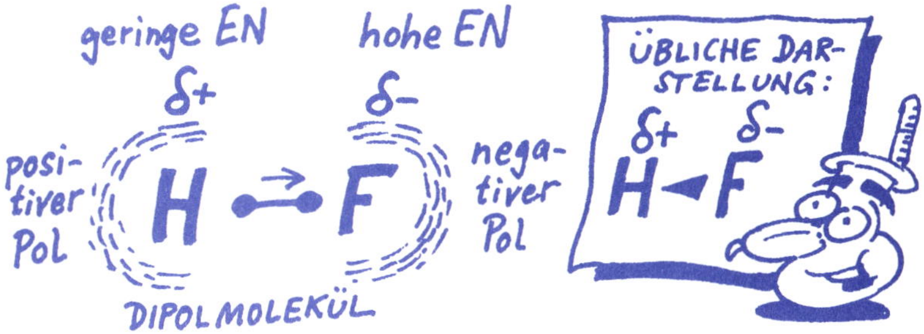

Bei zweiatomigen Molekülen ist ein Dipolcharakter schnell gefunden. Bei mehratomigen Molekülen müssen allerdings zwei Voraussetzungen erfüllt sein:

- Unterschiedliche Elektronegativität zwischen den Partnern einer Atombindung
- Die Ladungsverschiebung muss asymmetrisch sein, das heißt, die Ladungsschwerpunkte dürfen nicht zusammenfallen!

Die Ermittlung der Polarität von Molekülen ist sehr hilfreich bei Voraussagen über wichtige Eigenschaften.

Um die Polarität eines Moleküls zu ermitteln, muss man zunächst die Struktur bestimmen. Sobald diese bekannt ist, zeichnet man mögliche Polaritätsunterschiede ein und sucht die Ladungsschwerpunkte der positiven und negativen Ladungen. Fallen sie nicht zusammen, handelt es sich um ein Dipolmolekül.

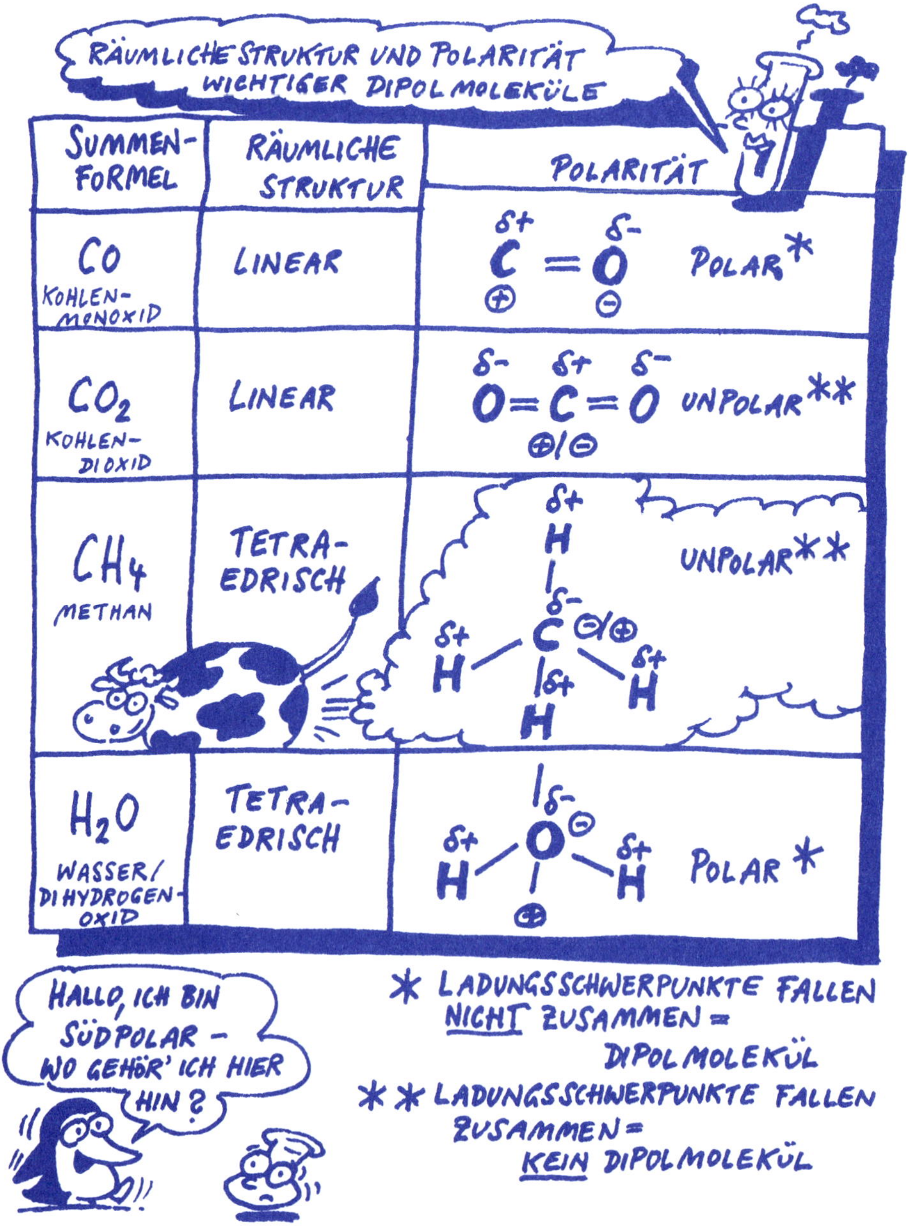
RÄUMLICHE STRUKTUR UND POLARITÄT WICHTIGER DIPOLMOLEKÜLE
SUMMEN-FORMEL
RÄUMLICHE STRUKTUR
POLARITÄT
CO
KOHLEN-MONOXID
LINEAR
δ+ C = O δ-
⊕ ⊖
POLAR *
CO2
KOHLEN-DIOXID
LINEAR
δ- O = δ+ C = O δ-
⊕/⊖
UNPOLAR **
CH4
METHAN
TETRA-EDRISCH
δ+ H
δ- C
⊖/⊕
δ+ H
δ+ H
δ+ H
UNPOLAR **
H2O
WASSER/ DIHYDROGEN-OXID
TETRA-EDRISCH
δ- O ⊖
δ+ H
δ+ H
⊕
POLAR *
HALLO, ICH BIN SÜDPOLAR - WO GEHÖR' ICH HIER HIN?
* LADUNGSSCHWERPUNKTE FALLEN NICHT ZUSAMMEN = DIPOLMOLEKÜL
** LADUNGSSCHWERPUNKTE FALLEN ZUSAMMEN = KEIN DIPOLMOLEKÜL

Der Einfluss der Polarität auf die Löslichkeit von Stoffen

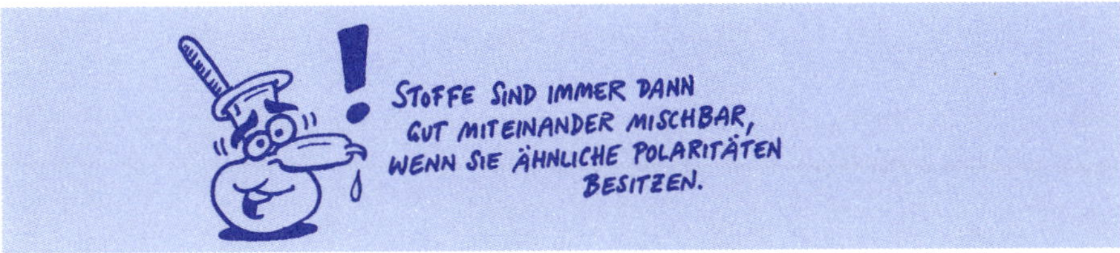

Im Labor wird sehr oft versucht, Wasser als Lösungsmittel für Stoffe zu verwenden. Bei diesem Vorhaben können nun zwei Fälle eintreten:

- Fall A
  Das polare Wasser vermag Dipolmoleküle und Ionen aufzulösen. Derartige Moleküle bezeichnet man als **hydrophil** bzw. wasserliebend.

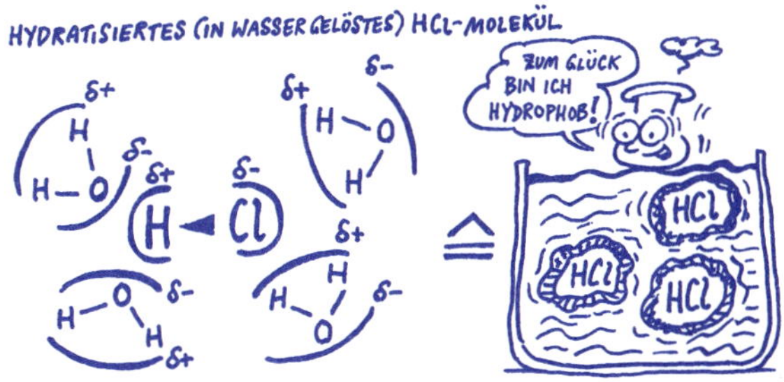

- Fall B
  Das polare Wasser kann unpolare Stoffe nicht lösen. Solche Substanzen bezeichnet man als **hydrophob** bzw. wasserabweisend.

  Als Beispiel dient hier der unpolare Tetrachlorkohlenstoff (CCl_4), der mit Wasser absolut nicht mischbar ist. In manchen Schlüsselanhängern nützt man dieses Phänomen und füllt sie mit zwei Flüssigkeiten unterschiedlicher Polarität.

Zwischenmolekulare Kräfte (ZMK)

Ganz unerwartet haben sich beim Wettbewerb mittlerweile eine Vielzahl von „Polarisation Molecools" eingefunden. Interessanterweise bahnen sich zwischen den einzelnen Paaren auch schon zwischenmenschliche Beziehungen an. Dadurch gewinnen sie ein sehr solides Auftreten.

Zwischenmolekulare Kräfte wirken zwischen den einzelnen Molekülen und beeinflussen maßgeblich den Aggregatzustand! Je stärker zwischenmolekulare Kräfte wirken, desto mehr Energie ist notwendig, um die Moleküle voneinander zu trennen, und umso höher ist der Schmelz- und Siedepunkt.

Geringe ZMK: gasförmig, da Siedepunkt und Schmelzpunkt **unter** 20°C liegen	**Mittlere ZMK:** flüssig, da Siedepunkt **über** und Schmelzpunkt **unter** 20°C liegen	**Hohe ZMK:** fest, da Siedepunkt und Schmelzpunkt **über** 20°C liegen
[Temp.] 20°C Sdp. Smp. -273°C	[Temp.] Sdp. 20°C Smp. -273°C	[Temp.] Sdp. Smp. 20°C -273°C

Je nach Vorhandensein eines Dipols im Molekül lassen sich nun vier verschiedene zwischenmolekulare Kräfte unterscheiden.

a) Dipol-Dipol-Kräfte (Abkürzung: DDK)

DDK entstehen durch elektrostatische Wechselwirkung zwischen negativen und positiven Polen von Dipolmolekülen.

DDK sind bei kleinen Molekülen eher schwach und wirken erst bei tiefen Temperaturen, da sich die Teilchen sehr langsam bewegen und so länger miteinander wechselwirken können.

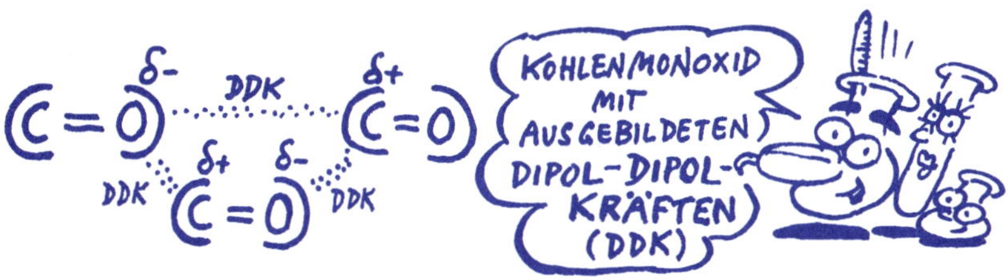

b) Ion-Dipol-Kräfte (Abkürzung: IDK)

IDK wirken zwischen Ionen und Dipolmolekülen. Diese Ion-Dipol-Kräfte ermöglichen zum Beispiel die Hydratisierung von Ionen durch das polare Wasser. Die untere Abbildung zeigt hydratisierte Calcium- und Chloridionen einer wässrigen Calciumchlorid-Lösung.

c) Wasserstoff-Brückenbindung (Abkürzung: HBB)

HBB wirken auch bei kleinen Molekülen schon relativ stark.

Eine HBB ist eine Wechselwirkung zwischen einem positiv polarisierten H und einem stark negativ polarisierten Atom eines Nachbarmoleküls. Hierfür kommen nur **N-, O-** und **F-Atome** in Frage, da diese drei Elemente eine hohe Elektronegativität aufweisen und freie Elektronenpaare besitzen. Da die H-Atome sehr klein sind, können sie sich einem stark negativ polarisierten N-, O- oder F-Atom so weit nähern, dass eine Wechselwirkung mit einem noch freien Elektronenpaar stattfindet.

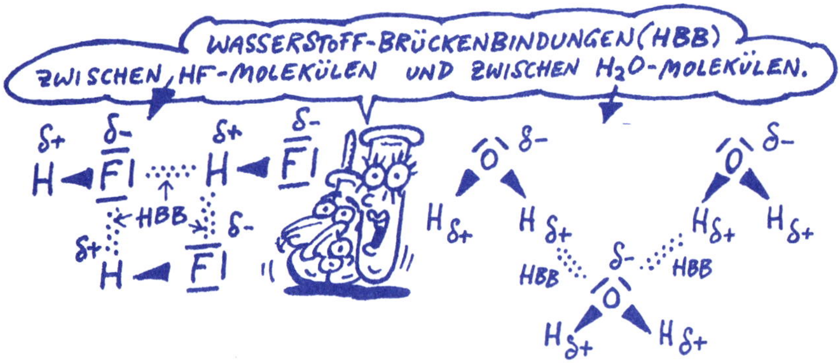

d) Van der Waals-Kräfte (Abkürzung: VdW)

VdW sind Wechselwirkungen zwischen unpolaren Molekülen. Die ständige Bewegung der Elektronen führt zu unsymmetrischen Ladungsverteilungen. Dadurch entsteht ein **kurzzeitiger Dipol** im Molekül. Dieser wirkt auf benachbarte Moleküle und polarisiert diese ebenfalls kurz. Die daraus entstandenen Anziehungskräfte nennt man Van der Waals-Kräfte.

Van der Waals-Kräfte sind umso stärker, je größer ein Atom bzw. Molekül ist. Mit zunehmender Elektronenzahl steigen daher die Schmelz- und Siedepunkte!

Die folgende Tabelle zeigt den Zusammenhang zwischen der absoluten Elektronenzahl von unpolaren Molekülen und dem Aggregatzustand.

Element	**Formel**	**Elektronen-zahl**	**Siedepunkt [°C]**	**Aggregatzustand bei Raumtemperatur**
Fluor	F_2	18	-188	gasförmig
Chlor	Cl_2	34	-35	gasförmig
Brom	Br_2	70	+59	flüssig
Iod	I_2	106	+184	fest

Komplexbindung

Als vierten und letzten Beitrag sehen wir nun „The Divine Complex". Mit Recht können wir hier von einem Höhepunkt des Wettbewerbs sprechen. Sie bestechen vor allem durch Kombination mehrerer Stilrichtungen und zeigen dadurch große Variationsfähigkeit. Sie wirken sehr stabil und bezaubern mit ihrem bunten Auftreten.

Komplexe sind Verbindungen zwischen Metallionen (vorwiegend solche mit Valenzelektronen in d-Orbitalen) und Molekülen mit freien Elektronenpaaren. Ähnlich wie bei der Wasserstoff-Brückenbindung kommt es zwischen den positiv geladenen Metallkationen und den negativen freien Elektronenpaaren von Molekülen bzw. den umgebenden Anionen zu einer Annäherung.

Das meist positive, manchmal aber auch neutrale Metallatom im Zentrum nennt man **Zentralatom**. Es zählt oft zu den Nebengruppenelementen.

Die Moleküle, die dem Zentralatom ihre Elektronen „zur Verfügung stellen", nennt man Liganden. Um ein **Ligand** zu sein, braucht ein Molekül mindestens ein freies Elektronenpaar oder es muss selbst ein Anion, also negativ geladen, sein.

Das Hexachlorocobaltion ist dafür ein Beispiel:

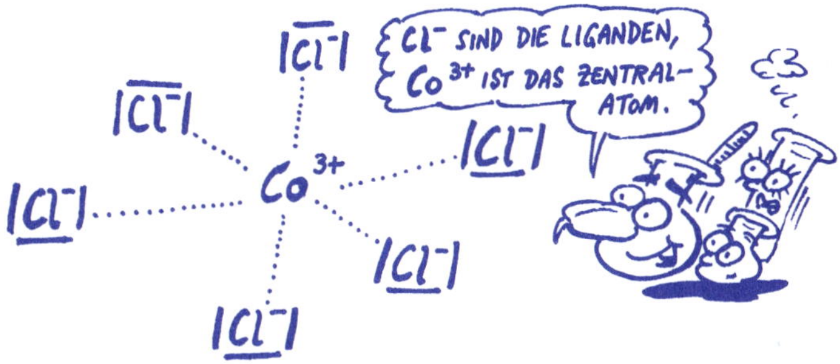

Das Co^{3+}-Ion hat eine unaufgefüllte 3d-Schale mit sechs d-Elektronen. Die sechs Cl^{-}-Ionen sind bereits vor der Komplexbildung im Edelgaszustand. Durch die ungleichen Ladungen kommt es zu einer Annäherung der Liganden an das Zentralatom. Zusätzlich zu diesem rein elektrostatischen Anziehungseffekt können die freien Elektronenpaare der Liganden mit den freien d-Orbitalen des Zentralions Atombindungen eingehen. So wird durch die Annäherung und das „zur Verfügung stellen" der Elektronenpaare ein noch günstigerer Zustand, der **Komplex**, erreicht.

Cobalt ist das Zentralatom und die Chloridionen sind die Liganden.

Die **Koordinationszahl** gibt an, von wie vielen Liganden das Zentralatom umgeben ist. Sie kann zwischen zwei und zwölf liegen, wobei sechs, wie in unserem Beispiel, eine sehr häufige Koordinationszahl ist.

Komplexe mit organischen Liganden haben in unserem Leben eine große Bedeutung. Beispielsweise ist Hämoglobin, der rote Blutfarbstoff, der für den Sauerstofftransport im Körper verantwortlich ist, eine Komplexverbindung. Auch das Chlorophyll, welches Pflanzen die grüne Farbe verleiht und die für die Photosynthese nötige Lichtenergie absorbiert, zählt zu dieser Bindungsklasse. Viele Vitamine und Enzyme sind Komplexe. Manche Antibiotika bilden Komplexe mit Kaliumionen, um als solche Zellwände durchdringen zu können.

- **Einzelne Atome** sind sehr instabile Teilchen, da sie als Singles einen sehr hohen energetischen Zustand einnehmen. Stabilität, also einen energieärmeren Zustand, erreichen Atome nur, wenn sie mit anderen Atomen einen Verband eingehen.

- Haben Atome die Möglichkeit, einen **Teilchenverband** einzugehen, dann entscheiden die Elektronegativitätsunterschiede zwischen den Partnern, welcher von vier möglichen Verbänden eingegangen wird.

- Die **Kräfte**, die die Teilchen in einem Verband zusammenhalten, resultieren fast immer aus Anziehungskräften zwischen entgegengesetzt geladenen Teilchen. Bei nahezu allen Bindungstypen halten die Teilchen zusammen, weil sich positive und negative Ladungen anziehen!

- **1. Verbandvariation**: die Metallbindung
  Die Partner besitzen ähnlich niedrige Elektronegativität (EN). Die Valenzelektronen werden an den Metallverband abgegeben. Durch die Elektronenabgabe werden die Atome zu Metallkationen.
- **2. Verbandvariation**: die Ionenbindung
  Die Partner besitzen stark unterschiedliche EN. Jene Atome mit der niedrigeren EN geben ihre Valenzelektronen an Atome mit der höheren EN ab. Durch die Elektronenabgabe bzw. -aufnahme entstehen positiv und negativ geladene Ionen, die sich stark anziehen.
- **3. Verbandvariation**: die Atombindung
  Die Partner besitzen ähnlich hohe EN. Zwischen den Atomen kommt es zur Überlappung einzelner Elektronenorbitale. Durch diese Überlappung

halten sich die Elektronen bevorzugt zwischen den Atomen auf und es entsteht ein gemeinsames Elektronenpaar, das für den Zusammenhalt zweier Atome verantwortlich ist.

- **4. Verbandvariation**: die Komplexbindung
  Komplexe entstehen zwischen Metallkationen und Molekülen mit freien Elektronenpaaren bzw. Anionen. Zwischen den positiv geladenen Metallionen und den freien Elektronenpaaren von Molekülen bzw. den Anionen kommt es zu einer komplexen Annäherung.

Kapitel 5

BACKE, BACKE MUFFIN

Chemisches Rechnen & Formelsprache

Backe backe Muffin

Dies wird das süßeste Kapitel, das dieses Buch zu bieten hat. Zum Backen der Muffins musst du das Rohr auf 180°C vorheizen. Sämtliche Zutaten werden kurz gemischt, bis die Masse leicht zäh wird. Fülle den Teig in 16 Muffin-Formen und backe sie ca. 20 Minuten. Nach einer Abkühlzeit von fünf Minuten kannst du die Muffins aus den Formen nehmen und auf deiner Zunge zergehen lassen.

Ob du es nun glaubst oder nicht, das Backen war ein absolut chemischer Prozess mit einer köstlichen Stoffumwandlung. Aus Sicht der Chemie war die Beschreibung der Zubereitung allerdings sehr aufwändig. Wir Chemiker haben eine Methode gefunden, solche Prozesse mithilfe der Formelsprache viel kürzer, exakter und aussagekräftiger zu beschreiben. Um einen Nutzen aus dieser Formelsprache ziehen zu können, musst du allerdings dieser Sprache mächtig sein.

Auf den nächsten Seiten wirst du viele neue Vokabeln und sogar Grammatikregeln finden, die dir das Verstehen und Interpretieren von chemischen Reaktionen ermöglichen. Und genauso wie im Rezept ist es auch wichtig, über die Massen, Volumina und Stückzahlen, jetzt allerdings von Atomen, Bescheid zu wissen. Verstehst du die Sprache der Chemie, steht dir auf jeden Fall eine neue Welt offen, die faszinierender nicht sein kann.

Masse von Atomen

Die Masse eines Atoms wird zum größten Teil von der Zahl der Kernteilchen bestimmt, da die geringe Elektronenmasse vernachlässigbar ist.

$$\text{MASSE}_{\text{KERNTEILCHEN}} = 1{,}66 \cdot 10^{-27}\,\text{kg}$$

Da sich die verschiedenen Atomarten durch die Zahl der Kernteilchen charakterisieren lassen, unterscheiden sie sich somit nur durch ein Vielfaches von $1{,}66 \cdot 10^{-27}$ kg.

Atomare Masseneinheit [u] (atomic mass unit)

Die Masse von $1{,}66 \cdot 10^{-27}$ kg ist unvorstellbar klein und somit sehr unpraktisch. Aus diesem Grund führte man die atomare Masseneinheit ein. Sie drückt die Masse eines Kernteilchens mit der Einheit u aus.

$$\text{MASSE}_{\text{KERNTEILCHEN}} = 1{,}66 \cdot 10^{-27}\,\text{kg} = 1\,\text{u}$$

Atommasse

Drückt man nun die Masse eines Atoms in units aus, spricht man von der Atommasse. Diese Masse ist viel einfacher zu handhaben. Wie du aus der unteren Tabelle entnehmen kannst, hat Helium mit seinen vier Kernteilchen eine Atommasse von vier units.

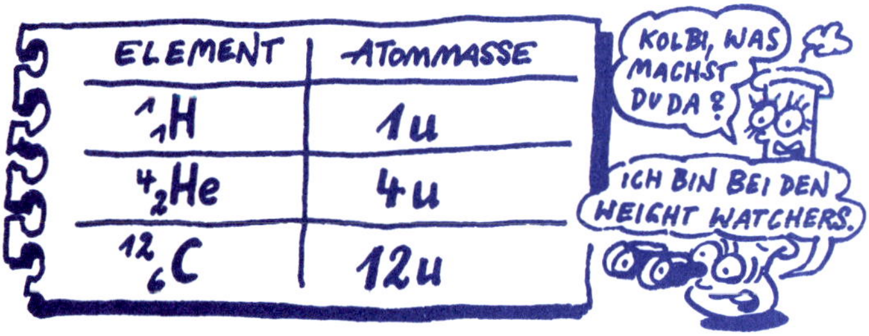

Im Periodensystem kann man von allen Elementen die Atommasse ablesen. Dort wird dir auffallen, dass die meisten Atommassen Kommastellen besitzen. Auf den ersten Blick scheint das unmöglich zu sein, da es ja keine halben oder viertel Kernteilchen gibt. Diese Kommastellen ergeben sich aus folgenden drei Umständen:

- Von den meisten Elementen existieren Isotope. Von ihnen nimmt man den Mittelwert aller in der Natur vorkommenden Isotopen.
  Beispiel: 75% $^{35}_{17}Cl$ + 25% $^{37}_{17}Cl$ = 35,45 u
- Bei großen Elementen spielt die Masse der Elektronen schon eine Rolle, auch wenn ein Elektron ca. 2000-mal leichter ist als ein Kernteilchen.
- Durch den Masseverlust bei der Kernfusion ergibt sich, dass z.B. zwei fusionierte Kernteilchen leichter sind als zwei einzelne.

Die Atommasse in units ist für die Laborpraxis eher unbedeutend, da man es nie mit einzelnen Atomen zu tun hat. Abhilfe schafft hier die Molmasse, die sich auf eine größere Anzahl von Atomen, die sogenannte Stoffmenge, bezieht.

Stoffmenge (n)

In der Chemie gibt man selten die absolute Teilchenanzahl eines Stoffs an, da sie selbst bei kleinsten Stoffportionen riesig groß ist. Deshalb fasst man eine sehr große Teilchenanzahl zu einer neuen Einheit, dem **Mol** zusammen. Dies ist nichts Ungewöhnliches. Auch im Alltag gibt es Beispiele für ein ähnliches Vorgehen. So kannst du die Menge zwei als ein Paar oder die Menge zwölf als ein Dutzend ausdrücken. In der Chemie hat es sich bewährt, eine Zahl von ca. 602 Trilliarden als ein Mol auszudrücken.

Diese Zahl von ca. 602 Trilliarden bzw. $6{,}02 \cdot 10^{23}$ Teilchen, nennt man auch **Avogadro-Konstante N_A** (früher auch Loschmidt´sche Zahl). Diese Zahl haben Amadeo Avogadro (1776–1856) und Josef Loschmidt (1821-1895) aus dem Kohlenstoffisotop ^{12}C ermittelt. Sie entspricht genau jener Anzahl von C-Atomen, die in 12g dieses ^{12}C-Isotops enthalten sind.

Wird für eine Teilchenanzahl die Einheit Mol verwendet, spricht man von der **Stoffmenge (n)**. Ihr Einheitszeichen ist "mol". Für die Umrechnung von einer beliebigen Teilchenzahl (N) in die Stoffmenge (n) verwendest du am besten die unten angeführte Formel:

Zugegeben, diese Zahl in Mol auszudrücken, ist genauso sinnlos, wie sie als Dutzend anzugeben. Die Einheit Mol verwendet man nur, wenn es sich, wie in der Chemie oft üblich, um sehr große Teilchenzahlen handelt.

Molmasse (M) [g/mol]

Es liegt nahe, dass wir 1 mol Teilchen auch abwägen können wollen. Die Masse, die 602 Trilliarden Teilchen, also 1 mol Teilchen, einnehmen, nennen wir Molmasse.

$$\text{MOLMASSE} = \text{MASSE/STOFFMENGE} \qquad M = m/n \ [g/mol]$$

Diese Molmasse einzuführen, war das Großartigste, was uns passieren konnte. Die Molmasse einer Atomart entspricht nämlich zahlenmäßig genau der Atommasse. Die Einheit ist jedoch nicht das unvorstellbare u, sondern das praktische Gramm. Die Atommasse in u bzw. die Molmasse in g/mol kannst du nun ganz leicht aus dem Periodensystem entnehmen.

ELEMENT	ATOMMASSE [u] BEZOGEN AUF 1 ATOM	MOLMASSE [g/mol] BEZOGEN AUF 602 TRILLIARDEN ATOME
$^{1}_{1}H$	1u	1g
$^{4}_{2}He$	4u	4g
$^{12}_{6}C$	12u	12g

Um die Molmasse einer Verbindung zu bestimmen, ermittelst du ganz einfach die Summe der Molmassen aller beteiligten Atome:

$$M_{\text{VERBINDUNG}} = \sum M_{\text{ALLER BETEILIGTEN ATOME}}$$

Um die Molmasse des Zuckers, den du für die Muffins benötigst, zu ermitteln, gehst du wie folgt vor:

$$M_{C_{12}H_{22}O_{11}} : 12\ M_C + 22\ M_H + 11\ M_O = 12 \cdot 12 + 22 \cdot 1 + 11 \cdot 16 = 342\ g/mol$$

Nun besitzt du das Werkzeug, um die in der Formelsprache so wichtige Stoffmenge zu ermitteln. Hierfür benötigst du von einem Stoff nur seine Masse, die du mittels Waage ermittelst, sowie die Molmasse, die du aus dem Periodensystem entnimmst.

$$n = m/M$$

(ERMITTELN MIT WAAGE ↗ UND ↑ PERIODENSYSTEM)

Wie viel mol Zucker sind nun also in einem Muffin enthalten, wenn jedes Stück sieben Gramm enthält?

$$n = m/M = 7g : 342\ g/mol = 0{,}0205\ mol\ Zucker$$

Molvolumen Vm [l/mol]

Wenn Stoffe als Gase vorliegen, lassen sie sich natürlich schwer abwiegen, um auf die Stoffmenge rückschließen zu können. Hier wäre es natürlich leichter, wenn uns das Volumen des Gases Auskunft über die Teilchenzahl geben könnte. Avogadro fand auch für dieses Problem eine Lösung und ist mit dem „Satz von Avogadro“ sogar in die Chemiegeschichte eingegangen.

Satz von Avogadro:

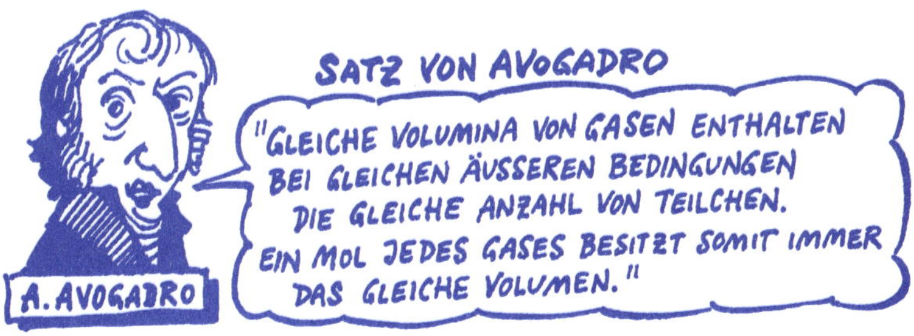

Dieser Satz klingt auf den ersten Blick sehr logisch. Bedenkt man jedoch, dass 602 Trilliarden He-Atome dasselbe Volumen einnehmen sollen wie 602 Trilliarden der viel größeren Xe-Atome, kommt man schnell ins Grübeln. Erklären lässt sich dieser Umstand damit, dass sich die kleineren He-Atome schneller bewegen und somit einfach mehr Platz in Anspruch nehmen als die viel größeren und damit langsameren Xe-Atome. Faszinierend ist, dass die Gasteilchen, egal wie groß oder klein sie sind, alle dasselbe Volumen beanspruchen.

Dividiert man also das Volumen eines Stoffs durch seine Stoffmenge, gelangt man stets zum selben Wert, dem Molvolumen (V_m). Dieses Volumen ist für sämtliche Gase derselbe Wert:

$V_m = V / n$ oder $n = V / V_m$

Bei Zimmertemperatur (20 °C) und Normaldruck kann das Molvolumen von Gasen mit 24 l gerechnet werden.

$V_m = 24$ l

In der Praxis dient also die Molmasse bzw. das Molvolumen dazu, aus der Masse bzw. dem Volumen eines Stoffs die Stoffmenge zu bestimmen!

$\mathbf{n = m / M}$ $\mathbf{n = V / V_m}$

Rechenbeispiel:

Nachdem du von den Muffins genascht hast, bist du sicher durstig geworden und möchtest nun 150 ml Wasser trinken. Du wirst dich wahrscheinlich schon oft in deinem Leben gefragt haben, wie viele mol Wassermoleküle eigentlich in diesem Glas schwimmen? Und wie viele einzelne Wassermoleküle passieren dann deinen Gaumen?

Zunächst musst du die 150 ml Wasser in Gramm umwandeln. Bei einer Dichte von ca. 1 darfst du die Masse also mit 150 g annehmen. Als Nächstes ermittelst du die Molmasse von Wasser:

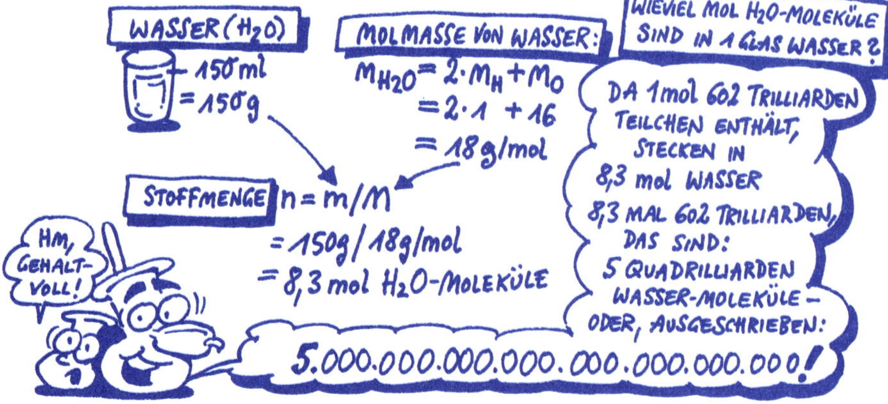

Formelsprache und Reaktionsgleichungen

Um Zeit und Platz zu sparen – davon haben Naturwissenschaftler immer zu wenig – wird die Zusammensetzung eines reinen Stoffs mit seiner chemischen Formel angegeben. Jedes vorhandene Element wird mit seinem Elementsymbol bezeichnet, gefolgt von einer tiefergestellten Zahl (Index) zur Angabe der Anzahl dieser Atome. Die Formel stellt also die kleinstmögliche Einheit einer Verbindung dar. Wiederholt sich in der Formel ein Verband von Atomen, der durch Atomverbindungen zusammengehalten wird, wird dieser Ausdruck in eine Klammer gesetzt und die Anzahl mit einem nachfolgenden Index angeschrieben.

NH_3 $\qquad$ Fe_2O_3 $\qquad$ $Ca_3(PO_4)_2$

Da NH_3 nur aus Nichtmetallatomen besteht, handelt es sich also um eine Atombindung. Das Molekül ist aus einem N- und drei H-Atomen zusammengesetzt.

Da Fe_2O_3 aus Metall und Nichtmetallatomen besteht, muss es sich um eine Ionenbindung handeln. Fe und O bilden somit ein Ionengitter im Verhältnis 2:3.

Bei $Ca_3(PO_4)_2$ ist die Sache etwas komplexer. Ca und PO_4 bilden ebenfalls ein Ionengitter im Verhältnis 3:2. Die Klammer von PO_4 weist darauf hin, dass diese Atombindung als eigene Einheit zu betrachten ist.

Um noch mehr Zeit und Platz zu sparen, wird der Ablauf einer Reaktion mithilfe einer **Reaktionsgleichung** beschrieben. Die Substanzen, die miteinander in Reaktion treten, bezeichnet man als Ausgangsstoffe, Reaktanden oder **Edukte**. Eine stattfindende Umwandlung wird mit einem Reaktionspfeil ausgedrückt. Die sich bildenden Substanzen werden rechts vom Reaktionspfeil angeschrieben und als Endstoffe oder **Produkte** bezeichnet. Unter Umständen erscheint in einer Reaktionsgleichung auch der Aggregatzustand der Stoffe, als in Klammer gesetzter Index.

(S)...SOLID FÜR FEST (L)...LIQUID FÜR FLÜSSIG (G)...GAS FÜR GASFÖRMIG

Z.B.: $C_{(s)} + O_{2(g)} \rightarrow CO_{2(g)}$

Aus der obigen Zeile, die sogenannte Reaktionsgleichung, lässt sich also ablesen, dass fester Kohlenstoff mit gasförmigem Luftsauerstoff zu gasförmigem Kohlendioxid reagieren kann.

Wieso nennt man jedoch diesen Ausdruck Reaktionsgleichung?

Bei chemischen Reaktionen wechseln die Atome nur ihre Partner. Die Zahl der Atome jedes Elements muss somit vorher und nachher, also auf beiden Seiten der Gleichung miteinander übereinstimmen, also **gleich** sein. Das Wort **Gleichung** beschreibt genau diesen Umstand.

Die Reaktionsgleichung ist ausgeglichen, wenn die Molzahlen aller beteiligten Elemente rechts und links übereinstimmen. Ist das nicht der Fall, gibt es einfache Regeln, mit denen du eine Reaktion ausgleichen bzw. richtigstellen kannst:

- Durch Einsetzen von Koeffizienten vor den Formeln wird die Anzahl der Atome auf der Edukt- und Produktseite gleichgestellt.
- Beim Ausgleichen soll mit jenen Atomen begonnen werden, die auf der Edukt- und Produktseite nur in jeweils einem Molekül vorkommen.
- Beim Ausgleichen darfst du nie die Formel einer Verbindung verändern.

Beispiel 1:

$$H_2 + O_2 \rightarrow H_2O$$

Wie du erkennen kannst, befinden sich auf der linken Seite 2 O-Atome und auf der rechten Seite nur eines. Damit auf der rechten Seite zwei O stehen, darfst du nun auf keinen Fall H_2O_2 daraus machen. Laut Gleichung entsteht nur H_2O und nicht H_2O_2. Das wäre so, als würdest du nach dem Zusammenmischen der Zutaten für die Muffins eine Erdbeer-Sahnetorte erwarten. Damit sich die 2 O auch auf der rechten Seite wiederfinden, müssen also 2 Moleküle H_2O entstehen.

Dass aufgrund dieser Änderung nun 4 H benötigt werden, ist kein Problem. Erhöhst du links die Anzahl der H_2-Moleküle auf zwei, ist die Gleichung ausgeglichen.

$$2\,H_2 + O_2 \rightarrow 2\,H_2O$$

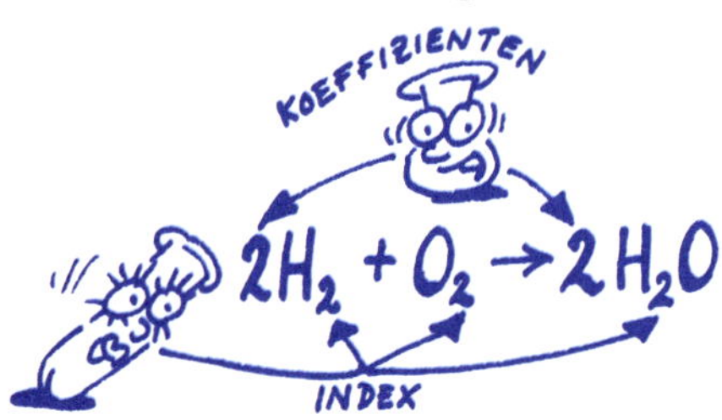

Beispiel 2:

$$CH_4 + O_2 \rightarrow CO_2 + H_2O$$

Auch bei diesem Beispiel siehst du schnell, dass die Anzahl der H und O links und rechts vom Pfeil, also vor und nach der Reaktion nicht gleich ist. Da du beim Ausgleichen mit jenen Atomen beginnen sollst, die auf der Edukt- und Produktseite nur in jeweils einem Molekül vorkommen, kannst du nun mit C oder H beginnen auszugleichen. Auf keinen Fall schaffst du es mit O, da es links in einem und rechts in zwei Molekülen vorkommt. Beim C siehst du, dass es links und rechts in gleicher Anzahl vorkommt. Die vier H auf der Eduktseite müssen sich auf der Produktseite wiederfinden. Das schaffst du, wenn du die H_2O-Moleküle verdoppelst. Zuletzt zählst du die O auf der Produktseite zusammen und gleichst sie aus, indem du die O auf der Eduktseite verdoppelst.

$$CH_4 + 2\ O_2 \rightarrow CO_2 + 2\ H_2O$$

Beispiel 3:

$$Zn + HCl \rightarrow H_2 + ZnCl_2$$

Auch diese Gleichung ist noch nicht ausgeglichen. Es fällt schnell auf, dass die Anzahl der H und Cl auf den beiden Seiten ungleich ist. Setzt du vor HCl den Koeffizienten 2 ist die Reaktionsgleichung schon richtiggestellt.

$$Zn + 2\ HCl \rightarrow H_2 + ZnCl_2$$

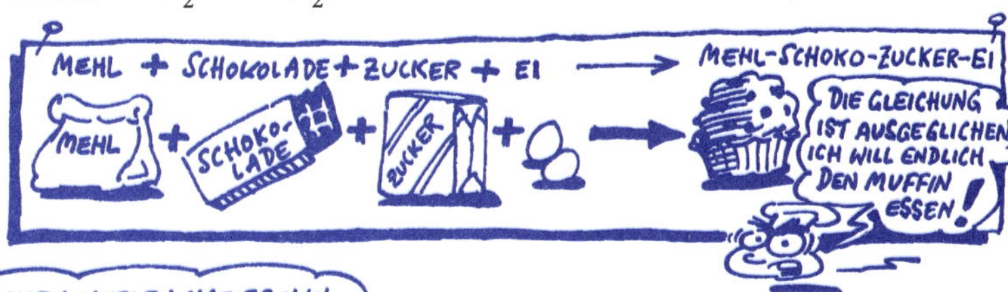

Die Reaktionsgleichung ist wie ein Standardrezept zu verstehen, das du nachkochen oder nach Belieben variieren kannst. Das Problem ist nur, dass in der Reaktionsgleichung die Molzahl der beteiligten Partner angegeben ist, wir aber im Labor nur mit Massen und Volumina arbeiten. Die Kunst, eine Reaktionsgleichung als Rezept zu verwenden, besteht also darin, die in der Gleichung angegebenen Stoffmengen in Massen bzw. Volumina umzurechnen.

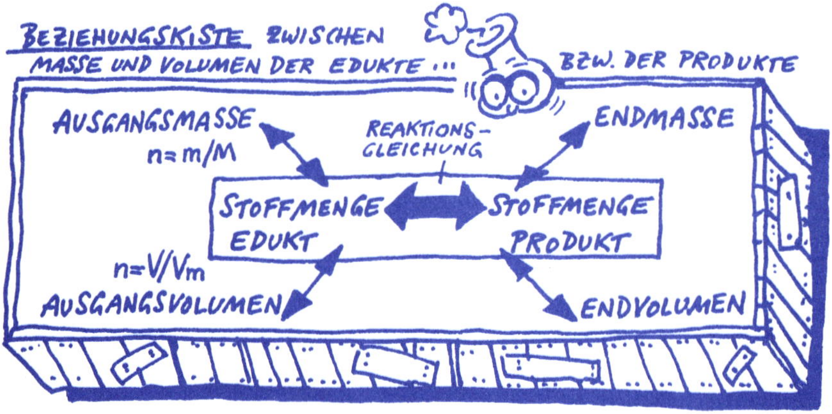

Die obige Beziehungskiste soll dir helfen, aus einer Reaktionsgleichung einen Nutzen zu ziehen. In dieser Darstellung findest du einen Weg, wie du aus den Edukten Informationen zu den Produkten erhältst und umgekehrt. Ist z.B. die Masse eines Edukts gegeben, gelangst du über die Formel $n = m / M$ zur Stoffmenge des Edukts. Genauso leicht gelingt es dir, über die Formel $n = V / V_m$ aus dem Volumen eines Edukts die Stoffmenge zu berechnen. Selbiges funktioniert natürlich auch bei den Produkten. Im Zentrum der Beziehungskiste steht die Reaktionsgleichung. Sie liefert dir die Informationen, aus wie viel Mol Edukten sich eine bestimmte Molzahl Produkte bildet.

Angenommen, du hast beim Backen der Muffins den Zucker vollständig anbrennen lassen. Mit geschultem Auge konntest du feststellen, dass hier eine Stoffumwandlung, also eine chemische Reaktion, stattgefunden hat. Der gesamte Zucker hat mit dem Luftsauerstoff reagiert und ist in das Gas Kohlendioxid und Wasser zerfallen. Basierend auf diesem Wissen kannst du natürlich eine Reaktionsgleichung formulieren:

$$C_{12}H_{22}O_{11} + O_2 \rightarrow CO_2 + H_2O$$

Um mit der Reaktionsgleichung etwas anfangen zu können, muss sie natürlich als Erstes richtiggestellt werden.

$$C_{12}H_{22}O_{11} + 12\ O_2 \rightarrow 12\ CO_2 + 11\ H_2O$$

Aber was soll man mit der Gleichung nun anfangen können?

Du kannst dir jetzt ausrechnen, wie viel Liter CO_2 und wie viel Gramm Wasser durch das Anbrennen deiner 100 g Zucker entstanden sind.

1.Schritt: Aus der Masse des verwendeten Zuckers (Edukt) musst du zunächst die Stoffmenge des Zuckers ermitteln. Dies gelingt dir über die Formel n = m/M.

$n_{Zucker} = m_{Zucker} / M_{Zucker} = 100\ g / 342\ g/mol = 0{,}29\ mol$ Zucker

2. Schritt: Aus der Reaktionsgleichung, unserem „Standardrezept", kannst du nun entnehmen, dass aus 1 mol Zucker genau 12 mol CO_2 und 11 mol H_2O entstehen muss. Da du aber nicht 1 mol, sondern 0,29 mol Zucker anbrennen hast lassen, müssen auch weniger CO_2 und H_2O entstanden sein.

Diese Menge ermittelst du ganz einfach über eine Schlussrechnung.

Wenn aus 1 mol Zucker 12 mol CO_2 entstehen, bilden sich
aus 0,29 mol Zucker x mol CO_2:

$x = 12 \cdot 0{,}29 = 3{,}48$ mol CO_2

Selbiges gilt natürlich auch für das Wasser.

Wenn aus 1 mol Zucker 11 mol H_2O entstehen, bilden sich
aus 0,29 mol Zucker x mol H_2O:

$x = 11 \cdot 0{,}29 = 3{,}19$ mol H_2O

3. Schritt: Nachdem du aus der Reaktionsgleichung die Stoffmenge des CO_2 und H_2O (Produkte) errechnet hast, kannst du nun über die Formel n=m/M die Masse des gebildeten Wassers und über die Formel n=V/Vm das Volumen des gebildeten Kohlendioxids ermitteln.

$$n_{H_2O} = \frac{m_{H_2O}}{M_{H_2O}} \quad \rightarrow \quad m_{H_2O} = n_{H_2O} \cdot M_{H_2O} = 3{,}19 \cdot 18$$

$$m_{H_2O} = 57{,}42\ \text{g}$$

$$n_{CO_2} = \frac{V_{CO_2}}{V_m} \quad \rightarrow \quad V_{CO_2} = n_{CO_2} \cdot V_m = 3{,}48 \cdot 1/\text{mol}$$

$$V_{CO_2} = 83{,}52\ \text{l}$$

Da du nun weißt, was sich alles mithilfe einer Reaktionsgleichung ermitteln lässt, kannst du es jetzt mit etwas Schwierigerem, zum Beispiel einer Schwarzwälder Kirschtorte versuchen. Viel Glück und lass es dir schmecken!

Kapitel 6

PARTNERTAUSCH IN WINDESEILE AUF ZEIT

Geschwindigkeit chemischer Reaktionen

Partnertausch in Windeseile auf Zeit

Die Geschwindigkeit von Reaktionen

Für uns Chemikerinnen und Chemiker ist Zeit etwas sehr Kostbares. Wenn wir eine Reaktion durchführen, dann muss das aus Kostengründen meistens schnell gehen. Und so ist es für alle in Sachen Chemie Beteiligten eine große Herausforderung, Reaktionen so durchzuführen, dass sie möglichst schnell ablaufen. Daher müssen wir uns nun einige Gedanken zur Geschwindigkeit von chemischen Reaktionen machen. Als Erstes beschäftigen wir uns mit dem Begriff der Reaktionsgeschwindigkeit.

Unter Reaktionsgeschwindigkeit (v_R) versteht man die sich ändernde Konzentration (Δc) pro Zeiteinheit (Δt).

$$V_R = \Delta c / \Delta t$$

Kollisionsmodell:

Als Nächstes musst du wissen, dass Reaktionen meist nur dann stattfinden, wenn reagierende Teilchen erfolgreich zusammenstoßen. Nur so können bestehende Bindungen gelöst werden.

Für einen erfolgreichen Zusammenstoß müssen nun zwei Bedingungen erfüllt sein:

- Der Zusammenstoß muss heftig genug sein.
- Der Zusammenstoß muss in einer bestimmten Position erfolgen.

Da im Labor die Kontrolle der Reaktionsgeschwindigkeit enorm wichtig ist, befassen wir uns in diesem Kapitel mit jenen vier Faktoren, die v_R beeinflussen:

- Konzentration
- Temperatur
- Zerteilungsgrad
- Katalysator

Die Abhängigkeit von v_R von der Konzentration der Stoffe

Je höher die Konzentration ist, desto mehr Teilchen sind in einem bestimmten Volumen vorhanden. Umso höher ist somit die Wahrscheinlichkeit für einen Zusammenstoß und umso schneller werden sich die Edukte in Produkte umwandeln.

Um die Konzentration von Gasgemischen zu erhöhen, hat man zwei Möglichkeiten. Entweder drückt man in das Gefäß zusätzliche Gasteilchen hinein oder man verkleinert den Raum, in dem sich die bestehenden Gasmoleküle befinden. In beiden Fällen erhöht man dadurch den Druck im Reaktionsgefäß.

Die Abhängigkeit von v_R vom Zerteilungsgrad

Will man Stoffe zur Reaktion bringen, die in verschiedenen Phasen auftreten (z.B. fest-fest, fest-flüssig, fest-gasförmig), können nur die Teilchen reagieren, die an der Grenzfläche miteinander zusammenstoßen.

Je größer die Grenzfläche ist, desto mehr Zusammenstöße sind möglich. Daher nimmt die Reaktionsgeschwindigkeit mit dem Zerteilungsgrad, also der Größe der Oberfläche, zu.

Um die Oberfläche von Feststoffen zu vergrößern, nützen wir in der Praxis unterschiedliche Möglichkeiten:

- Pulverisieren
- Schmelzen
- Auflösen in einem Lösungsmittel

Die Vergrößerung der Oberfläche eines Stoffs ist eine sehr beliebte und effiziente Methode, um die Reaktionsgeschwindigkeit zu erhöhen, da sie ohne größeren Aufwand sehr kostengünstig durchgeführt werden kann.

Die Abhängigkeit von v_R von der Temperatur

1 cm^3 Luft enthält ca. 10^{20} Teilchen, die mit einer Geschwindigkeit von ca. 1000 km/h pro Sekunde ca. 10^{28} Mal zusammenstoßen. Diese Zahlen sind unvorstellbar groß und trotzdem führen diese Kollisionen meist zu keinen Reaktionen. Dieses Beispiel der Luft zeigt, dass ein Zusammenstoß nicht zwangsläufig zu einer Reaktion führen muss!

Um zur Reaktion zu gelangen, müssen die Eduktteilchen einen bestimmten Mindestbetrag an kinetischer Energie (Bewegungsenergie) besitzen. Dieser wird als **Aktivierungsenergie (E_A)** bezeichnet. Erst wenn diese erreicht oder überschritten ist, kann der Zusammenstoß zu einem Produktteilchen führen. Diese Aktivierungsenergie ist notwendig, damit vorhandene Bindungen gelöst werden können!

Ein erfolgreicher Zusammenstoß setzt also eine Mindestenergie, die der Aktivierungsenergie entspricht, und die richtige Orientierung der Teilchen zueinander voraus!

Ein sehr anschauliches Beispiel ist in diesem Zusammenhang die Reaktion von Stickstoffdioxid (NO_2) mit Kohlenstoffmonoxid (CO).

$$NO_2 + CO \rightarrow CO_2 + NO$$

Damit das O-Atom vom NO_2 zum CO übertragen werden kann, muss zunächst Energie zur Lockerung der bestehenden Bindungen aufgewandt werden. Auf diesem Weg wird ein energiereicher **Übergangszustand** durchlaufen, in dem sich das übertragene O-Atom im Anziehungsbereich beider Eduktmoleküle befindet.

Der oben beschriebene Weg lässt sich auch mittels Energiediagramm veranschaulichen.

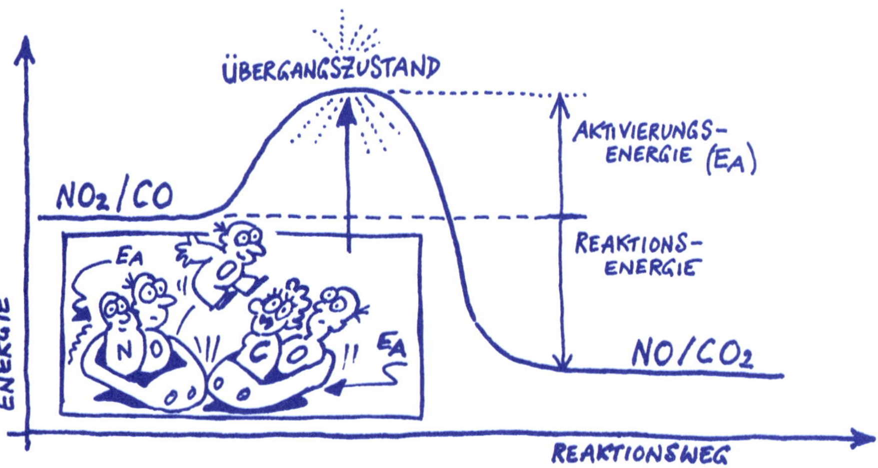

Die Abhängigkeit von v_R von Katalysatoren

Katalysatoren haben sowohl für die Chemie als auch für das Leben an sich eine immense Bedeutung. Im weitesten Sinn sind sie mit dem vergleichbar, was im Mittelalter als „Stein der Weisen“ gehandelt wurde. Der Katalysator ermöglicht es, Reaktionen in Sekunden ablaufen zu lassen, die wir ohne ihn in der ganzen Zeit eines Lebens nicht wahrnehmen könnten. Und ohne Katalysatoren in unseren Körpern würde es das „Wunder des Lebens“ kaum geben.

Zwei Eigenschaften sind es, die Katalysatoren so unverzichtbar machen:

- Katalysatoren erhöhen die Reaktionsgeschwindigkeit um ein Vielfaches, indem sie die Aktivierungsenergie einer Reaktion stark verringern.
- Katalysatoren liegen am Ende der Reaktion wieder unverbraucht vor.

Die nächsten Zeilen sollen dir die Wirkungsweise eines Katalysators näher bringen. Zur Spaltung von Bindungen muss die Aktivierungsenergie aufgewendet werden. Häufig ist sie so groß, dass keine oder nur wenige Teilchen diese Energiebarriere überwinden können. Die Wirkung eines Katalysators beruht nun darauf, dass er mit den Edukten **reaktionsfähige Zwischenprodukte** bildet, für die weit weniger Aktivierungsenergien notwendig sind. Nachdem sich aus den Zwischenprodukten die Endprodukte gebildet haben, wird der Katalysator wieder freigesetzt. Der Katalysator geht also in die Reaktionsgleichung nicht ein, wird aber manchmal in eckigen Klammern über den Reaktionspfeil geschrieben.

Aus der folgenden Reaktion kannst du entnehmen, dass der Zerfall von H_2O_2 zu Wasser und O_2 durch das Platin beschleunigt werden kann. Ohne das Platin würde die Reaktion Jahre benötigen. In Anwesenheit des Katalysators läuft der Zerfall in wenigen Minuten ab.

Wie diese enorme Beschleunigung vonstatten gehen kann, zeigen dir die nächsten Bilder .

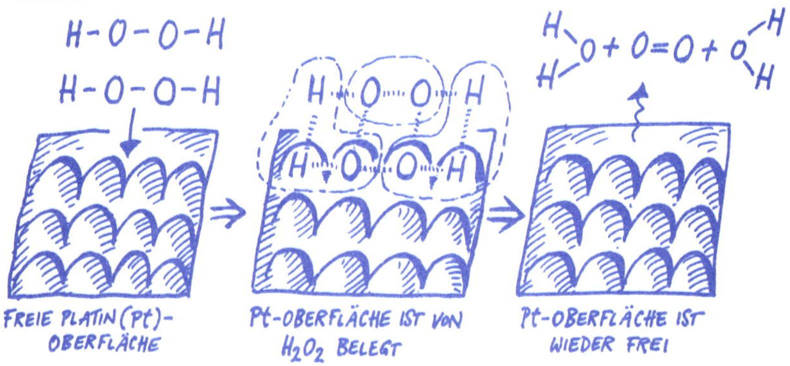

Der oben geschilderte Prozess lässt sich auch in einem Energiediagramm veranschaulichen. Aus dem Diagramm kannst du die Energiegehalte der Teilchen in den unterschiedlichen Phasen der Reaktion ablesen.

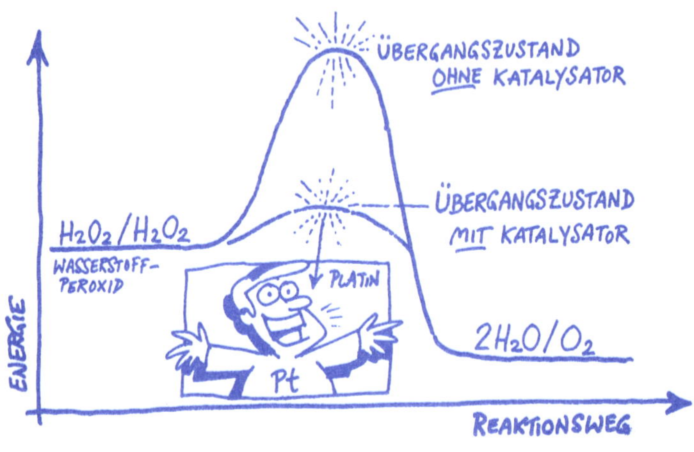

Biokatalysatoren (Enzyme)

Welche Möglichkeiten hat eigentlich unser Körper, Moleküle so schnell miteinander reagieren zu lassen, dass er in Sekundenbruchteilen auf äußere Einwirkungen reagieren kann. Die Temperatur scheint ihm dabei keine große Hilfe zu sein; bedenkt man, dass die Körpertemperatur nur bei ca. 36°C liegt. Mit Druck zu arbeiten, hat sich für unsere Zellen auch nicht wirklich bewährt. Bleiben vorerst nur die Oberflächenvergrößerung und eine hohe Konzentration. Von beiden profitiert der Körper, da die reaktionsfähigen Teilchen in unseren Zellen erstens in gelöster Form und zweitens in hoher Konzentration vorliegen. Aber um den Anforderungen eines komplexen Lebewesens gerecht zu werden, wären diese Faktoren nicht ausreichend genug. Unser gesamtes Leben ist auf die ständige Anwesenheit und Funktionstüchtigkeit von Katalysatoren, wir nennen sie nun **Biokatalysatoren** oder **Enzyme**, angewiesen.

Enzyme sind Stoffe, die in lebenden Zellen katalytische Funktionen übernehmen. Es handelt sich um Eiweißstoffe, die hoch spezialisierte, nur ganz bestimmte Reaktionen katalysieren. Durch das Absenken der Aktivierungsenergie können sie chemische Vorgänge trotz niedriger Körpertemperaturen in angemessener Zeit ablaufen lassen.

Um das Wirkprinzip dieser Wundermoleküle erklären bzw. verstehen zu können, musst du zunächst einiges über ihren Aufbau wissen. Alle Enzyme setzen sich aus einer Vielzahl von Aminosäuren zusammen, die zu einem Knäuel zusammengeknüllt sind. Dieses Knäuel aus Aminosäuren besitzt nun eine ganz wichtige Andockstelle. Diese Stelle des Enzyms, die auch als **katalytisches** oder **aktives Zentrum** bezeichnet wird, ist eine Passform für das zu verändernde Edukt einer Reaktion, welches in dem Zusammenhang Substratmolekül genannt wird. Moleküle mit einer anderen Form passen in dieses aktive Zentrum schwer bis gar nicht hinein und können dadurch vom Enzym nicht verstoffwechselt werden. Diese Eigenschaft bezeichnet man als **Substratspezifität**.

Bei vielen Enzymen existiert auch noch eine zweite Andockstelle, die bestimmten Vitaminen (sog. Coenzymen) vorbehalten ist. Erst wenn dieses Vitamin am Enzym angedockt hat, kann das eigentliche aktive Zentrum wirksam werden.

In einem ersten Reaktionsschritt bilden das Enzym und das zu verändernde Substratmolekül einen **Enzym-Substrat-Komplex**. Anschließend wird das Substratmolekül in ein bestimmtes Produkt umgewandelt und vom Enzym freigegeben. Das Enzymmolekül liegt somit wieder unverbraucht vor und kann von neuem ein Substrat umwandeln.

Die Effizienz solcher Enzyme ist unvorstellbar groß. In einer Minute, also in der Zeit, in der du diese Seite gelesen hast, können manche Enzyme bis zu 1 Million Substratmoleküle umwandeln. Als Beispiel sei hier die Katalase genannt, die das für Zellen so giftige H_2O_2 in H_2O und O_2 umwandelt.

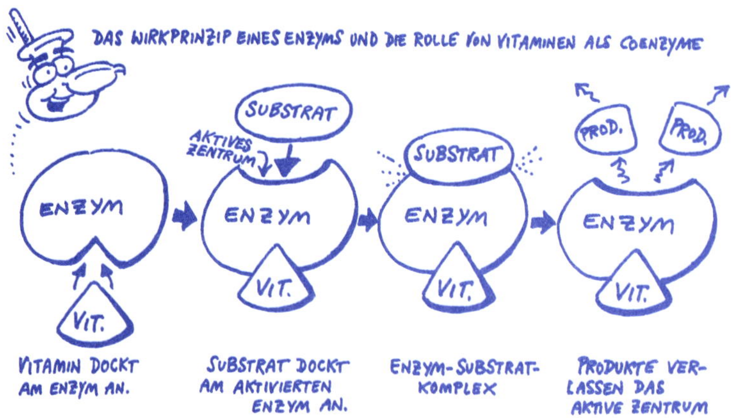

Dass ein Enzym oft nur eine ganz bestimmte Reaktion am Substrat bewirken kann (z.B. Spaltung einer Kette oder Anhängen bestimmter Atomgruppen), wird in der Biochemie mit dem Begriff „**Wirkungsspezifität**“ umschrieben.

Wie bedeutend Enzyme für unser Leben sind, erkennst du daran, dass eine Verlangsamung der Enzymaktivität tödliche Auswirkungen haben kann. Diese Verlangsamung tritt zum Beispiel bei Körpertemperaturen über 40°C, also bei hohem Fieber, ein. Bei dieser Temperatur beginnen die Aminosäuren-Ketten derart zu schwingen, dass die Enzyme ihre Form und damit ihr aktives Zentrum verlieren. Ohne diese Andockstelle können sie nicht mehr katalytisch wirken und die Reaktionen im Körper verlangsamen sich derart, dass wir nicht mehr lebensfähig sind.

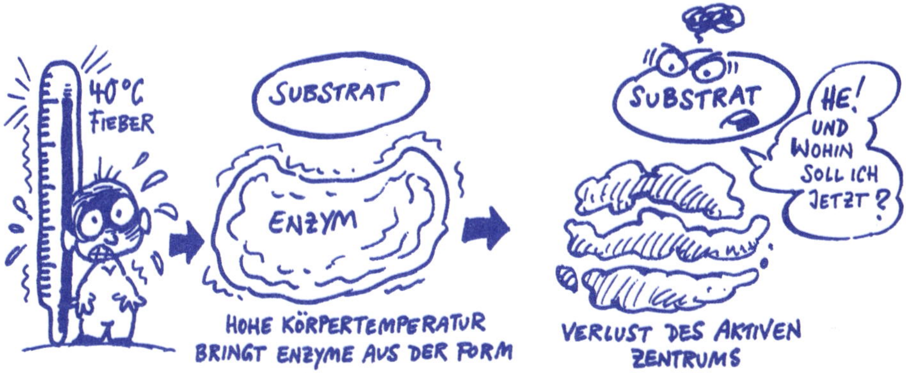

Die Enzyme sind also für unser Überleben von allergrößter Bedeutung. Aber woher bezieht der Körper diese Biokatalysatoren? Wer baut sie zusammen?

Die Antwort liegt wie so oft in den Genen. In den Genen stecken nämlich die Baupläne für diese Wundermoleküle. Und die Zelle braucht nichts anderes zu tun, als diese Baupläne zu lesen und daraus Enzyme zu konstruieren. Alles Weitere erledigen die Enzyme von selbst. Das Faszinierendste an dieser Geschichte ist der Umstand, dass in den Genen, also unseren Erbanlagen, fast nichts anderes steht als Baupläne für Enzyme. Wenn du zwischen dir und deinen Eltern oder Großeltern ähnliche Merkmale feststellen kannst, dann nur deshalb, weil dir deine Großeltern bzw. Eltern die Baupläne für all deine Enzyme vererbt haben.

Grund genug, den Eltern einmal für die vererbten Enzyme zu danken! Wie unendlich langsam wären wir ohne sie.

Kapitel 7

SPONTAN ODER NICHT SPONTAN?

Energie & Entropie chemischer Reaktionen

Spontan oder nicht spontan, das ist hier die Frage!

Wie romantisch empfinden wir brennende Holzscheite eines Lagerfeuers. Wie erstaunt sind wir jedes Mal, einem Feuerwerk beiwohnen zu können. Wie interessant ist es, einer Schneeflocke beim Schmelzen zuzuschauen. Wie enttäuscht sind wir, wenn das versprühte Parfüm schon nach wenigen Stunden seine Wirkung verliert. Und wie ärgerlich ist es, wenn einem aus lauter Unachtsamkeit eine Schachtel Murmeln umkippt.

Dies sind alles Szenen des Alltags, die unterschiedlicher nicht sein könnten. Und doch haben sie alle mindestens eine Gemeinsamkeit.

Hat jemand das Lagerfeuer einmal zum Brennen gebracht, brennt es von selbst weiter. Ist die Lunte der Feuerwerksrakete einmal entzündet, führt kein Weg mehr daran vorbei, dass sie von selbst mehrere 100 m hochsteigt und explodiert. Treffen warme Sonnenstrahlen auf eine Schneeflocke, muss ihr niemand sagen, dass sie schmelzen soll, sie tut es einfach. Sprühen wir uns mit einem Parfüm ein, verdunstet es innerhalb weniger Stunden von selbst, ohne uns zu fragen. Und kippen wir eine Schachtel Murmeln um, suchen sich die Glaskugeln selbst ihren Weg durch den Raum.

Hat man die genannten Szenen einmal ausgelöst, laufen sie also von selbst weiter. In der Fachsprache beschreiben wir dieses freiwillig weiterlaufende Verhalten mit dem Begriff „spontan“. Eine Reaktion ist spontan, wenn sie von selbst weiterläuft. Natürlich kannst du einwänden, dass all die beschriebenen Phänomene selbstverständlich freiwillig ablaufen und es auch immer tun werden. Das war noch nie anders. Und gerade das lässt uns Wissenschaftler aufhorchen und erzeugt in uns eine gewisse Aufmerksamkeit. Warum laufen diese Szenen immer spontan ab? Gehorchen sie einer inneren Stimme? Ist es reiner Zufall? Oder folgen sie gar unbekannten Naturgesetzen? Gibt es auch Reaktionen, die nicht spontan ablaufen? Wenn ja, welche?

Zum Glück haben sich schon Wissenschaftler vor ca. 100 Jahren diese Fragen gestellt. Forscher wie Boltzmann, Maxwell, Plank und Gibbs widmeten einen Großteil ihrer Forschungsarbeit diesen spannenden Fragen. Und dadurch ist es nun möglich, all diese Geschehnisse, die so selbstverständlich immer freiwillig, also spontan ablaufen, auf naturwissenschaftliche Art und Weise zu erklären bzw. zu begründen.

Um sich mit der Frage der Spontaneität von Reaktionen befassen zu können, müssen vorher noch einige Begriffe geklärt werden:

Soll eine Untersuchung in einem bestimmten räumlichen Bereich erfolgen, nennt man den begrenzten Ausschnitt des Raums **System**. Den umgebenden Rest bezeichnet man als **Umgebung**.

Und je nachdem, ob ein System einen Stoff- und/oder Energieaustausch zulässt, spricht man von einem **offenen**, **geschlossenen** oder **isolierten** System.

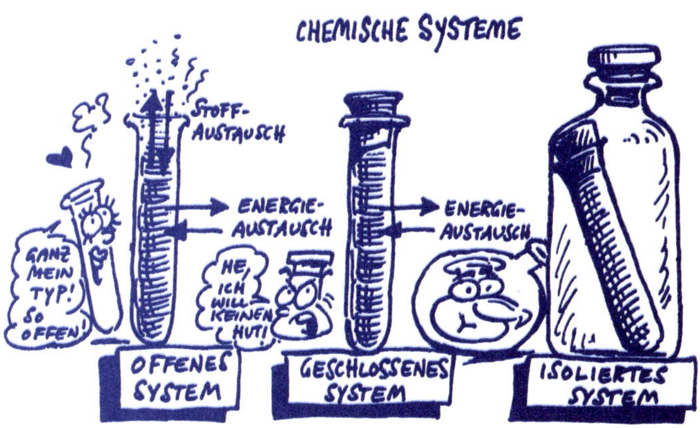

Die Triebkraft chemischer Reaktionen

Das Erkennen einer spontanen Reaktion ist oft gar nicht so einfach, da die Reaktionsgeschwindigkeit sehr unterschiedlich sein kann. Eine Explosion wäre zum Beispiel eine extrem schnelle spontane Reaktion. Manche Reaktionen verlaufen aber derart langsam, dass sich kaum eine Veränderung beobachten lässt, zum Beispiel das Vergilben von Papier. Das wird erst in einem Zeitraum von Jahren bis Jahrzehnten sichtbar. Entscheidend ist, dass eine Tendenz zur Reaktion besteht. Ihnen allen gemeinsam ist die notwendige einmalige Zufuhr eines Energiebetrags, der sogenannten Aktivierungsenergie. Will man langsam ablaufende spontane Reaktionen beschleunigen, gelingt dies durch all jene Faktoren, die im vorigen Kapitel schon besprochen wurden. Also durch Druck-, Konzentrations- und Temperaturerhöhung sowie durch Oberflächenvergrößerung und Katalysatoren. Gerade lebende Zellen machen sich die Wirkung von Biokatalysatoren, also Enzymen zunutze und beschleunigen Reaktionen oft um das Tausendfache.

Es gibt aber auch **nicht spontane Reaktionen**. Sie laufen nur dann ab, wenn ständig Energie in das System hineingesteckt wird. Die Photosynthese der Pflanzen ist hierfür ein geeignetes Beispiel. Sie kann nur dann ablaufen, wenn Sonnenstrahlen, also Lichtenergie, ständig auf die Blätter treffen. Unterbricht man die Bestrahlung, stoppt auch die Photosynthese.

Wenn es also spontane und nicht spontane Reaktionen gibt, muss es auch Faktoren geben, die die Freiwilligkeit einer chemischen Reaktion begünstigen. Rufen wir uns noch einmal die Beispiele aus der Einleitung dieses Kapitels ins Gedächtnis. Ob es das Abbrennen des Holzscheits, die Explosion der Feuerwerksrakete oder das Herunterfallen der Murmeln war – ihnen allen war eines gemeinsam: Sie verloren durch ihre Reaktion Energie. Durch die Reaktion ist es ihnen also gelungen, nachher weniger Energie zu besitzen als vorher. Und genau das ist einer jener Faktoren, die für die Triebkraft von Reaktionen verantwortlich sind. **Streben nach Energieminimum**!

Obschon Systeme immer nach einem Energieminimum streben, heißt das noch lange nicht, dass sie es auch erreichen. Die häufigste Form eines Energieaustauschs ist jene von Wärme. So lässt sich bei chemischen Reaktionen neben einer Abgabe auch eine Aufnahme von Wärme beobachten. Man nennt sie allgemein Reaktionswärme. Misst man die **Reaktionswärme** unter konstantem Druck, also zum Beispiel in einem offenen Gefäß, spricht man von **Enthalpie**.

Enthalpie
[H] (thalpein... griech. = erwärmen)

Die **Enthalpie** ist ein Maß für die Energie eines Systems. Sie wird durch den Buchstaben **H** symbolisiert, wobei das H vom englischen heat content (Wärmeinhalt) abgeleitet ist. Ihre Einheit ist Joule, **J**.

Exotherme Reaktionen
(exo… griech. = heraus; therme… griech. = Wärme)

Bei exothermen Reaktionen entstehen Atomkombinationen, die einen geringeren Energiegehalt besitzen als die Ausgangsstoffe. Beim Übergang von Stoffen mit einer höheren Energie auf Stoffe mit einer niedrigeren Energie wird die Energiedifferenz zum Beispiel in Form von Wärme frei. Bei derartigen Reaktionen spricht man von **exothermen Reaktionen**. Da das System dabei Energie verliert, erhält diese Reaktionswärme ein negatives Vorzeichen. Die Umgebung verzeichnet dabei stets eine Temperaturerhöhung.

So sind zum Beispiel alle **Verbrennungsreaktionen** typische **exotherme Reaktionen**. Die folgende Reaktion könnte in naher Zukunft eine sehr große Rolle in unserer Energieversorgung spielen. Lässt man Wasserstoff mit Sauerstoff reagieren, kommt es zur Bildung von Wasser. Da im Wassermolekül weniger Energiegehalt steckt als in den Ausgangsstoffen, wird überschüssige Energie in Form von Wärme frei. Diese Reaktion, die auch unter dem Begriff „Knallgasreaktion" bekannt ist, könnte in Zukunft zum Antreiben von Motoren dienen. In der folgenden Abbildung ist die Reaktion als Energiediagramm dargestellt.

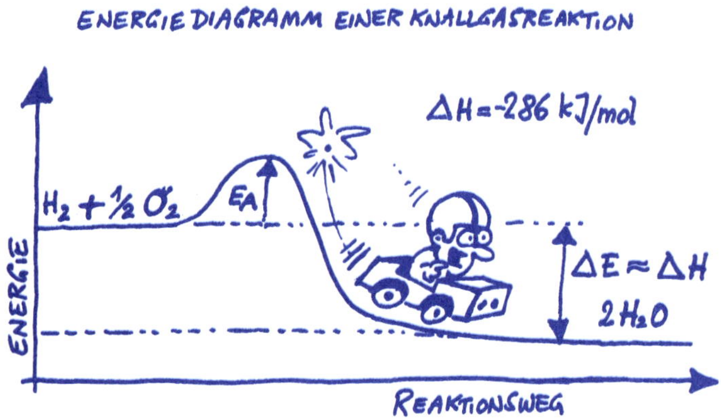

Es ist leicht zu erkennen, dass eine exotherme Reaktion schwer aufzuhalten ist, wenn sie einmal in Gang gesetzt wurde. So wie eine Seifenkiste von selbst den Hang hinunterfahren kann, so reagieren auch bei exothermen Reaktionen Edukte immer spontan zum Endprodukt.

Endotherme Reaktionen
(endo… griech. = hinein; therme… griech. = Wärme)

Bilden sich bei einer Reaktion allerdings Produkte mit einem höheren Energiegehalt als die Ausgangsstoffe, muss das System ständig Energie aufnehmen. Reaktionen, bei denen das System ständig Reaktionswärme aus der Umgebung aufnimmt, nennt man **endotherme Reaktionen**. Da das System Energie gewinnt, erhält diese Reaktionswärme ein positives Vorzeichen!

SYSTEM NIMMT ENERGIE AUF

Kommen wir wieder zu unserer Reaktion mit Wasser. Wasser kann mithilfe von elektrischer Energie in Wasserstoff und Sauerstoff zerlegt werden. Die zur Trennung aufgewandte Energie ist dann in den Endstoffen gespeichert. Der Energiegehalt von Wasserstoff (H_2) und Sauerstoff (O_2) ist somit höher, als der Energiegehalt von Wasser (H_2O). Aus einem mol Wasser entsteht ein mol Wasserstoff und ein halbes mol Sauerstoff.

ENERGIEDIAGRAMM FÜR EINE ENDOTHERME REAKTION

Endotherme Reaktionen laufen also nur dann ab, wenn ständig Energie aufgewandt wird, um Produkte entstehen zu lassen. Es wäre jetzt nur allzu logisch, anzunehmen, dass daher endotherme Reaktionen nicht spontan ablaufen. Für die meisten trifft das auch zu. Aber es gibt genug Beispiele, die unsere Vermutung widerlegen. Läuft eine endotherme Reaktion freiwillig ab, führt dies übrigens auch immer zu einer Abkühlung der Umgebung.

Betrachten wir noch einmal die Eingangsbeispiele. Das Schmelzen einer Schneeflocke und das Verdunsten des Parfüms sind eindeutig **endotherme Reaktionen**, die in der gesamten Zeit ihres Ablaufs auf **Energiezufuhr** angewiesen sind. Das heißt, das geschmolzene Eis bzw. das verdunstete Parfüm besitzen nachher mehr Energie als die Ausgangsstoffe. Die Energie zum Schmelzen der Schneeflocke bzw. zum Verdunsten des Parfüms stammt aus den Sonnenstrahlen bzw. von der Körperwärme. Dies kann unsere Haut auch wahrnehmen, da wir nach dem Auftragen des Parfüms **Kälte** empfinden.

Wie kann es aber nun sein, dass diese beiden Reaktionen freiwillig ablaufen, obwohl sie eben nicht nach einem Energieminimum streben. Zu diesem Streben nach einem Energieminimum kommt noch ein weiterer wesentlicher Faktor hinzu. Die Antwort liegt in einer weiteren Gemeinsamkeit beider Phänomene:

In beiden Beispielen besitzen die Endprodukte eine **höhere Unordnung** als im Ausgangszustand. Während in der Schneeflocke jedes Wassermolekül einen fixen Gitterplatz besitzt, ist durch die ziellose Bewegung der geschmolzenen Wassermoleküle die Unordnung des Systems stark gestiegen. Und ähnlich verhält es sich beim Parfüm. Durch das Verdampfen der ätherischen Öle erreichen die Moleküle im gasförmigen Zustand ein höchstes Maß an Unordnung. Als Maß für diese Unordnung dient **die Entropie**.

Entropie (Symbol S)

Der deutsche Physiker Rudolf Clausius führte den Begriff Entropie 1865 erstmals ein. Das griechische Kunstwort entropia bedeutet streng übersetzt Umkehren bzw. Wendung.

Stark vereinfacht kann die Entropie eben mit **Unordnung** gleichgesetzt werden. So besitzt ein geordneter Kristall eine viel geringere Entropie als die beweglichen Ionen seiner Schmelze. Streng genommen ist die Entropie allerdings kein Maß für die Symmetrie des Systems, sondern für die Anzahl der erreichbaren Zustände. Je mehr Wahrscheinlichkeiten es in einem System für Zustände gibt, umso höher ist seine Entropie.

Dies kann auch am folgenden Beispiel erläutert werden. Hängst du einen Teebeutel in heißes Wasser, lösen sich die Farb- und Aromastoffe und verweilen zunächst noch in der Nähe des Beutels. Mit der Zeit vermischen sich die Stoffe des Beutels immer intensiver mit dem Wasser, bis eine vollständig durchmischte Lösung (Tee) entsteht. Obwohl der vollständig durchmischte Tee geordneter aussieht, ist die Entropie bei diesem Vorgang gestiegen. Zu Beginn waren die Aromastoffe nur auf wenige Bereiche konzentriert. Mit der Zeit wandern die Stoffe in das heiße Wasser. Dadurch **nimmt die Zahl der möglichen Anordnungen deutlich zu** und **die Entropie wächst**.

Interessant dabei ist auch der Umstand, dass eine Zustandsänderung im gesamten Weltall immer mit einer **Erhöhung der Entropie** einhergeht. Es ist praktisch unmöglich, dass sich die Gesamtentropie in einem geschlossenen System verringert. Es kann zwar die Entropie lokal verkleinert werden, aber nur dann, wenn sie an einem anderen Ort entsprechend anwächst.

Wenn du also dein Zimmer aufräumst, verkleinerst du dadurch zwar die Entropie des Raums, gleichzeitig ist durch die Arbeit, die du dadurch hattest, viel Wärme in deinem Körper entstanden, die wiederum die Entropie des gesamten Systems erhöht hat.

Oder denk nur an einen Kühlschrank: Während in seinem Inneren das Wasser zu Eiswürfeln gefriert und damit die Entropie kleiner wird, kannst du an seiner Rückseite die Wärme spüren, die er ständig an die Umgebung abgibt und damit die Entropie der Umgebung erhöht.

Was hat aber nun die Entropie mit der Freiwilligkeit einer Reaktion zu tun? Sehr viel. Denn die Wahrscheinlichkeit für eine spontane Reaktion ist umso größer, je stärker das System an Unordnung gewinnt.

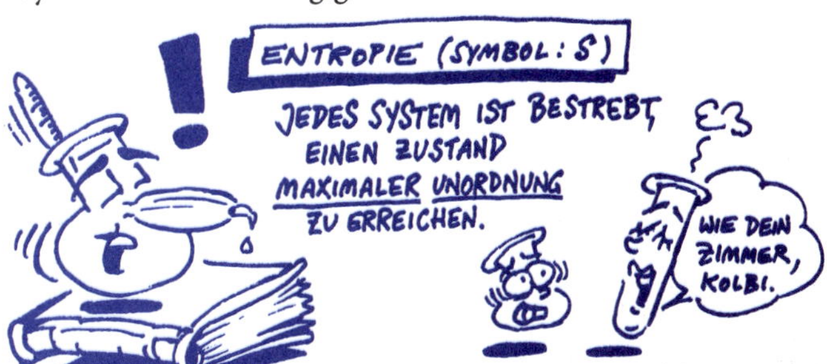

Fassen wir nun das bisher Gesagte zusammen. Eine Reaktion läuft dann freiwillig ab, wenn die Energie des Systems dabei abnehmen und die Unordnung dabei zunehmen kann.

Eine spontane Reaktion wird also durch folgende zwei Faktoren begünstigt:

- Abnahme der Enthalpie
- Zunahme der Entropie

PROFESSOR KATASTROFSKY SORGT FÜR ENTROPIE UND ENTHALPIE-DIE UNORDNUNG NIMMT ZU, UND ER VERLIERT AN WÄRMEENERGIE.

Aber was ist, wenn für eine bestimmte Reaktion nur ein Faktor zutrifft? Welcher dieser beiden Faktoren hat auf die Spontaneität den größeren Einfluss? Wenn überhaupt. Gibt es eine mathematische Formel, die uns Auskunft über die Spontaneität liefern kann? Und genau mit der Beantwortung dieser Fragen haben sich Gibbs und Helmholtz einen Namen gemacht. Sie formulierten eine mathematische Beziehung, die als Gibbs-Helmholtz-Gleichung in die Chemiegeschichte eingegangen ist.

Die Gibbs-Helmholtz-Gleichung verknüpft die Enthalpie und die Entropie zu einer Gleichung und liefert eine Aussage darüber, ob eine Reaktion freiwillig ablaufen kann oder nicht.

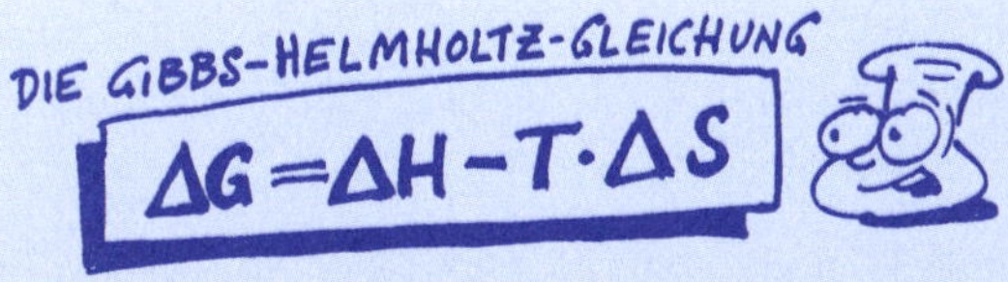

Δ G	Gibbs-Energie [kJ]	ΔH	Änderung der Enthalpie [kJ]
ΔS	Änderung der Entropie [kJ · K-1]	T	Temperatur [K] [= Kelvin]

Das Δ steht übrigens für die Differenz zwischen den Werten der Produkte und den Werten der Edukte:

$$\Delta H = \Delta H_{Produkte} - \Delta H_{Edukte}$$

$$\Delta S = \Delta S_{Produkte} - \Delta S_{Edukte}$$

Eine Reaktion läuft dann freiwillig ab, wenn der Wert für ΔG kleiner als null wird, also einen negativen Wert aufweist. Man spricht dann von einer exergonen, also freiwillig ablaufenden Reaktion.

Errechnet sich für eine Reaktion eine Änderung der Gibbs-Energie, die größer ist als null, also einen positiven Wert einnimmt, dann kann sie nicht spontan ablaufen und benötigt für ihre Reaktion ständig Energiezufuhr. Erzwungene Reaktionen nennt man endergone Prozesse.

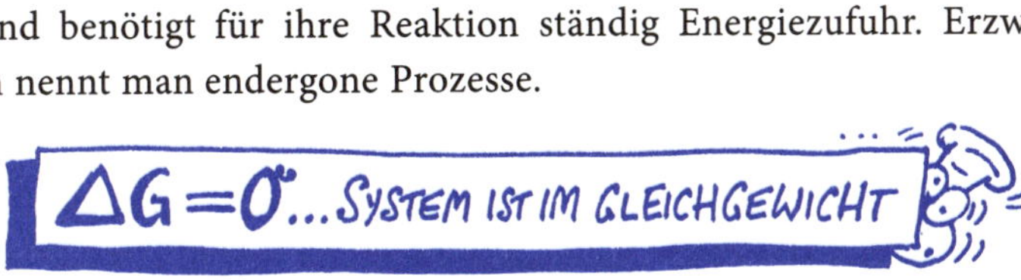

Entspricht die Änderung der Gibbs-Energie der Zahl Null, findet keine Reaktion statt und das System ist im Gleichgewicht.

Die Gibbs-Helmholtz-Gleichung können wir nun an einem sehr berühmten Beispiel ausprobieren, das für Deutschlands Geschichte eine große Rolle spielte.

Zu Beginn des 20. Jahrhunderts war Deutschland dabei, eine Großmacht zu werden. Ein wichtiges Kriterium hierfür war die Versorgung der Bürger mit genug Lebensmitteln, wie zum Beispiel Getreide. Damit eine Getreidepflanze viele Körner bildet, muss sie intensiv gedüngt werden. Als Dünger wurde von jeher Chilesalpeter verwendet, der bis zu diesem Zeitpunkt aus Chile importiert wurde. Für die wirtschaftliche und politische Unabhängigkeit war es also wichtig, Dünger aus Rohstoffen herzustellen, die in Deutschland genug vorhanden waren.

Luft ist so ein Rohstoff. Haber und Bosch wurden mit der schwierigen Aufgabe beauftragt Luftstickstoff zu verwerten, und überlegten sich folgende Reaktion:

$$N_2 + 3\ H_2 \rightarrow 2\ NH_3$$

Mithilfe der Gibbs-Helmholtz-Gleichung können wir nun ausrechnen, ob diese Reaktion spontan abläuft oder nicht.

$\Delta H = -\ 92\ kJ/mol$ $\qquad T = 298\ K$ $\qquad \Delta S = -\ 0{,}2\ kJ/K^{-1}$

Die Werte setzen wir nun in die Gibbs-Helmholtz-Gleichung ein:

$$\Delta G = \Delta H - T \cdot \Delta S$$

$$\Delta G = -92\ kJ/mol - 298\ K \cdot (-\ 0{,}2\ kJ/mol)$$

$$\Delta G = -32{,}4\ kJ/mol$$

Das Ergebnis zeigt klar, dass bei einer Temperatur von 298 K die Herstellung von Ammoniak aus Luftstickstoff und Wasserstoffgas **exergon**, also freiwillig abläuft. Die beiden Chemiker mussten also nur noch nach den idealen Reaktionsbedingungen suchen, damit Ammoniak auch in großen Mengen und in kurzer Zeit entsteht. Natürlich ist es ihnen gelungen, die Ammoniaksynthese zu optimieren. Sie benötigten dafür allerdings fast ein ganzes Jahrzehnt. Ausdauer und Durchhaltevermögen gehören übrigens zu den wichtigsten Tugenden einer Chemikerin bzw. eines Chemikers.

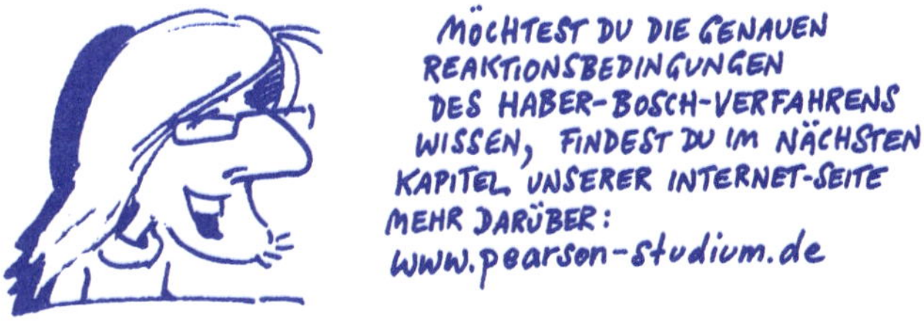

Mit der Gibbs-Helmholtz-Gleichung lässt sich eine spontane Reaktion exakt vorhersagen. Dies ist für die Wissenschaft enorm wichtig. Hat man sich entschlossen, einen bestimmten Stoff A in einen anderen Stoff B umzuwandeln, ist es von großer Bedeutung, ob sich diese Umwandlung spontan oder nicht spontan durchführen lässt. Wäre sie nicht spontan, müsste man die ganze Zeit Energie hinzufügen und es muss gut überlegt werden, ob sich diese Investition für diese Reaktion auch auszahlt.

Liefert die Gibbs-Helmholtz-Gleichung die Aussage, dass es sich um eine exergone Reaktion handelt, brauchen sich die Wissenschaftler/innen nur noch mit den idealen Reaktionsbedingungen beschäftigen, um die Reaktion möglichst effektiv ablaufen zu lassen.

Kapitel 8

ALLES WALZER, ALLES IM GLEICHGEWICHT

Das chemische Gleichgewicht

Alles Walzer – alles im Gleichgewicht

Lässt man Stoffe (Ausgangsstoffe oder auch Edukte genannt) miteinander reagieren, erwartet man, dass sich daraus andere Stoffe (Endstoffe oder auch Produkte genannt) bilden. Nun ist es aber so, dass diese Umwandlung vom Ausgangsstoff zum Endstoff selten vollständig abläuft. Und wenn man noch so lange wartet und sich noch so bemüht, wird man im Reaktionsgefäß immer auch noch Edukte vorfinden, die scheinbar nicht zum Produkt reagiert haben. Warum ist das so? Um diesem Phänomen leichter auf die Schliche zu kommen, verlegen wir den Schauplatz kurz in einen Tanzsaal.

Stell dir einen leeren Tanzsaal vor, der zwei gegenüberliegende Eingangstüren hat. Vor der einen warten die Tänzer (A) und vor der anderen die Tänzerinnen (B). Wenn man die Türen öffnet, beginnen sich Tanzpaare (C) zu bilden. Zunächst entstehen diese sehr schnell, denn man hat einen guten Überblick und sieht gleich, welcher Partner einem gefallen könnte.

Ähnlich wie im Tanzsaal reagieren auch Stoffe miteinander. Zu Beginn einer Reaktion ist viel von A und B vorhanden und die Wahrscheinlichkeit, dass sie zusammenstoßen und zu einem neuen Produkt werden, ist sehr groß. Das heißt, die Bildungsgeschwindigkeit v_1 ist sehr hoch. In der Sprache der Formeln schreibt man dies wie folgt:

Unter der Reaktions- oder Bildungsgeschwindigkeit versteht man übrigens die sich ändernde Konzentration pro Zeiteinheit. Sie gibt also an, wie rasch sich die Edukte in Produkte umwandeln.

Zurück in den Tanzsaal. Durch das Gedränge der tanzenden Paare wird es für die nachkommenden Männer und Frauen immer schwieriger, einen Partner zu finden. Gleichzeitig ist es so, dass Tanzpaare wieder auseinandergehen, weil sie infolge des Platzmangels so heftig zusammenstoßen, dass es zu einer Trennung der Partner kommt. Das hat aber nun zur Folge, dass sich erstens immer seltener neue Tanzpaare (C) bilden und zweitens schon vorhandene Paare wieder trennen, wodurch die Zerfallsgeschwindigkeit v_2 zunimmt.

In der Formelsprache drückt man dies durch einen Doppelpfeil aus, der sowohl von der Eduktseite zur Produktseite wie auch umgekehrt gerichtet ist. Je länger man die Reaktion beobachtet, desto kleiner wird die Bildungsgeschwindigkeit von A und B und desto größer wird die Zerfallsgeschwindigkeit von C.

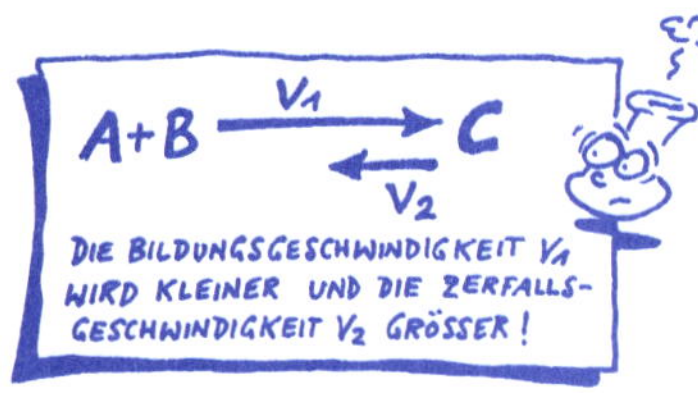

Mit fortgeschrittener Zeit wird man nun im Tanzsaal eine besondere Situation vorfinden. Man wird nämlich beobachten können, dass auf dem Parkett immer gleich viele Paare tanzen. Kaum findet sich ein neues Paar, trennt sich ein anderes und macht Pause. Die Anzahl der Tanzenden bleibt also gleich, weil genauso schnell, wie sich neue Paare finden, sich alte Paare durch Zusammenstöße trennen. Die Bildungsgeschwindigkeit der Tanzpaare ist zu diesem Zeitpunkt die gleiche wie die Zerfallsgeschwindigkeit. Es ändert sich also nichts mehr daran, dass z.B. ständig 20 Tanzpaare auf dem Parkett tanzen und z.B. 6 Singles nur zuschauen, auch wenn es immer wieder andere Singles sind.

In der Sprache der Chemie drückt man diesen Umstand durch einen Doppelpfeil aus, der in beide Richtungen dieselbe Länge aufweist.

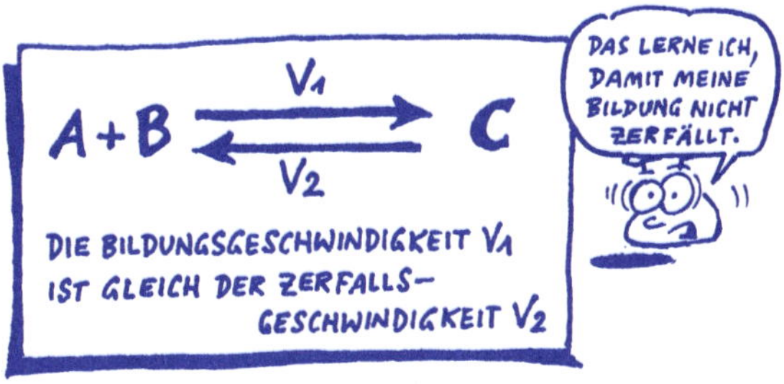

Man verwendet vereinfacht die Begriffe Hinreaktion für die Bildung und Rückreaktion für den Zerfall.

Mit der Zeit stellt sich bei solch umkehrbaren (reversiblen) Reaktionen also ein Zustand ein, bei dem sich die Konzentration der Ausgangsstoffe und die der Endstoffe nicht mehr ändert, also gleich bleibt. Diesen Zustand nennt man **chemisches Gleichgewicht**!

Erreicht eine Reaktion das chemische Gleichgewicht, entspricht das dem Endzustand der Reaktion. Chemisches Gleichgewicht bedeutet aber nicht, dass in diesem Zustand die Konzentrationen der Ausgangs- und Endstoffe gleich sind, sondern **gleich bleiben**!

An der Reaktion zwischen H_2 und I_2 soll nun eine Gleichgewichtseinstellung veranschaulicht werden:

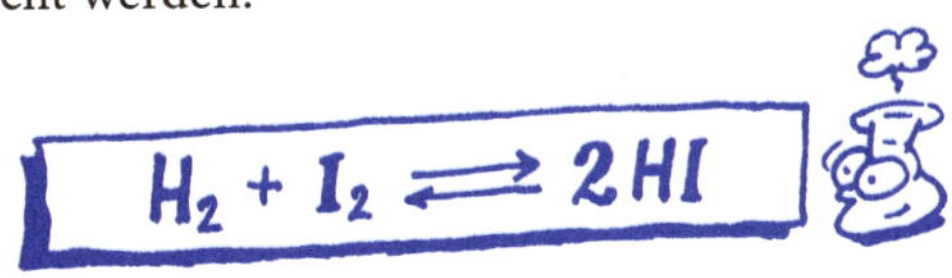

Die Reaktion zeigt klar: **Wenn** 1 Molekül H_2 mit 1 Molekül I_2 reagiert, entstehen 2 Moleküle HI. Wenn das Wort wenn nicht wäre, würde so manches leichter sein. Wenn sie nämlich reagieren, dann in dem Verhältnis, wie es die Gleichung angibt. Aber in welchem Ausmaß sie überhaupt reagieren, lässt sich aus der Reaktionsgleichung nicht herauslesen.

Ein Beispiel aus dem Alltag soll hier helfen:

Wenn 1 Mann und 1 Frau heiraten, ergibt es 1 Ehepaar.

Mann + Frau → Ehepaar

Hat man aber nun eine Halle mit 100 Männern und 100 Frauen, könnten sich zwar theoretisch 100 Paare bilden, aber wer sagt denn, dass alle heiratswillig sind.

Angenommen, wir lassen zu Beginn jeweils 10 Moleküle H_2 und I_2 reagieren. Warten wir lange genug, werden z.B. 8 H_2 mit 8 I_2 zu 16 HI reagiert haben, während immer noch 2 H_2 und 2 I_2 vorliegen. An diesen Konzentrationen wird sich irgendwann nichts mehr ändern und das System hat das chemische Gleichgewicht erreicht.

Aus einer Reaktionsgleichung wie der obigen geht also nur hervor, wer mit wem zu was reagieren kann! Aber nicht, in welchem Ausmaß dies passiert!

Die Gleichgewichtskonstante und ihre Aussagekraft

Für diese Information benötigen wir die sogenannte Gleichgewichtskonstante, die wir aus dem **Massenwirkungsgesetz** ableiten bzw. errechnen können. Das Massenwirkungsgesetz (MWG) stellt eine Beziehung zwischen den Konzentrationen der Ausgangs- und Endstoffe her. Mit dem MWG lässt sich somit das Ausmaß der Hin- und Rückreaktion vorhersagen.

Für jede Reaktion, die sich im Gleichgewicht befindet, kann man eine **Gleichgewichtskonstante K_c** ermitteln. Diese Konstante erhält man, wenn man aus dem Produkt der Endstoffe und dem Produkt der Ausgangsstoffe einen Quotienten bildet!

Tauchen in der Gleichung übrigens Koeffizienten auf, werden diese in der Formel für K_c zur Hochzahl.

z.B. $2\,A + 3\,B \rightleftharpoons 4\,C + 5\,D$

$K_c = [C]^4 \,.\, [D]^5 \,/\, [A]^2 \,.\, [B]^3$

Der praktische Nutzen von K_c

Die Gleichgewichtskonstante K_c gibt an, wieviel Ausgangs- und Endstoffe sich gebildet haben, wenn die Reaktion das Gleichgewicht erreicht hat. **Man spricht auch von der Lage des Gleichgewichts**.

Für die Praxis ergeben sich drei Extremfälle, die anhand einer einfachen Umwandlungsreaktion eines Ausgangsstoffs (A) in einen Endstoff (B) gezeigt werden:

Fall 1: $K_c >> 1$

Reaktion	$A \rightleftharpoons B$
Angenommene Konzentrationen im Gleichgewicht	[A]: 0,01 mol/l [B]: 3 mol/l
Ermittlung von K_c	K_c = 3 mol/l : 0,01 mol/l = 300

Die Konzentration der Endstoffe ist also viel größer als die Konzentration der Ausgangsstoffe. In diesem Fall haben sich also mehr Endstoffe als Ausgangsstoffe gebildet. Das Gleichgewicht liegt somit auf der „**rechten Seite**", also auf der Seite der Produkte. *Die Reaktion verläuft fast vollständig!*

Fall 2: $K_c \cong 1$

Reaktion	$A \rightleftharpoons B$
Angenommene Konzentrationen im Gleichgewicht	[A] : 0,05 mol/l [B] : 0,06 mol/l
Ermittlung von K_c	K_c = 0,06 mol/l : 0,05 mol/l = 1,2

Die Konzentration der Endstoffe ist also ungefähr gleich groß wie die Konzentration der Ausgangsstoffe. Im Fall 2 haben sich somit ähnlich viele Endstoffe wie Ausgangsstoffe gebildet. *Das Gleichgewicht liegt in der „**Mitte**".*

Fall 3: $K_c << 1$

Reaktion	$A \rightleftharpoons B$
Angenommene Konzentrationen im Gleichgewicht	[A] : 5 mol/l [B] : 0,02 mol/l
Ermittlung von K_c	K_c = 0,02 mol/l : 5 mol/l = 0,004

Die Konzentration der Endstoffe ist viel kleiner als die Konzentration der Ausgangsstoffe. Im letzten Fall haben sich aus den Ausgangsstoffen nur ganz wenige Endstoffe gebildet. Das Gleichgewicht liegt hier auf der „**linken Seite**", also auf der Seite der Edukte. *Es findet kaum eine Reaktion statt.*

Beeinflussung des chemischen Gleichgewichts

Viele chemische Reaktionen, die in der Natur ablaufen oder in der Industrie zur Gewinnung von Produkten eingesetzt werden, sind **Gleichgewichtsreaktionen**.

Liegt die Gleichgewichtslage bezüglich der Aufgabenstellung ungünstig, kann man die Lage des Gleichgewichts durch folgende Veränderungen beeinflussen:

- **Stoffmengenänderung**
- **Temperaturänderung**
- **Druckänderung**

Wie sich diese Faktoren auf die Gleichgewichtslage auswirken, haben Henry Le Chatelier und Ferdinand Braun zwischen 1884 und 1888 herausgefunden und als „Prinzip von Le Chatelier und Braun" formuliert:

Das Prinzip von Le Chatelier und Braun

„Wird auf ein System, das sich im chemischen Gleichgewicht befindet, ein äußerer Zwang ausgeübt (Konzentrationsänderung, Temperatur- oder Druckänderung), so verschiebt sich das Gleichgewicht immer in die Richtung, in der es dem äußeren Zwang ausweicht."

Stoffmengenänderungen

Ändert man die Stoffmenge eines Reaktanden, führt dies augenblicklich zu einer Neueinstellung des Gleichgewichts. Man spricht auch von einer Verschiebung des chemischen Gleichgewichts.

Fall a

Fügt man einem System, das sich im Gleichgewicht befindet, einen Reaktionspartner hinzu, verschiebt sich das Gleichgewicht stets in die Richtung, die einen Teil dieses Stoffs verbrauchen lässt.

Gibt man also im nachfolgenden Gleichgewicht zum Beispiel Säure hinzu, stellt die zugegebene Säure den äußeren Zwang dar. Um diesem Zwang auszuweichen, werden nun Reaktionen ablaufen, die die Säure verbrauchen lässt. Es werden also noch nicht reagierte Alkoholmoleküle mit den zugefügten Säuremolekülen zu neuen Ester- und Wassermolekülen weiterreagieren.

In unserem Tanzsaal würde sich diese Methode auch beobachten lassen. Angenommen, es gäbe bei unserer Tanzveranstaltung viele Singles und nur wenige Tanzpaare. Wenn ich nun möchte, dass mehr Tänzer das Parkett betreten, muss ich zum Beispiel zusätzlich zu den Geladenen auch noch die attraktivsten Männer der Stadt einladen. Durch dieses Zusatzangebot an männlichen Partnern werden sicherlich einige Frauen, die vorher keinen Partner gefunden haben, das Tanzbein schwingen.

Fall b

Die Wegnahme eines Partners verschiebt ein Gleichgewicht in die Richtung, die einen Teil dieser Komponente entstehen lässt. Dies ist übrigens die ökonomischste Methode, um mehr Produkte zu erhalten. Entfernt man das Produkt aus dem Gleichgewicht, verhindert man nämlich die Rückreaktion und kriegt es auch noch nachgeliefert.

Blicken wir noch einmal auf unsere Reaktionsgleichung, bei der aus Alkohol und Säure die Produkte Ester und Wasser entstehen. Entfernt man nun den gebildeten Ester durch Destillation ständig aus dem Gleichgewicht, stellt dies einen äußeren Zwang dar. Um diesem auszuweichen, ist das System gezwungen, den Verlust des Esters wieder wettzumachen. Es werden also noch nicht reagierte Alkohol- und Säuremoleküle zu Ester- und Wassermolekülen weiterreagieren.

Ähnliches kann sich auch in unserem Tanzsaal abspielen. Angenommen, es gäbe im Tanzsaal eine Tür, die nur in eine Richtung aufgeht. Dauertänzer entfliehen dem Gedränge, indem sie durch diese Tür in einen anderen Raum tanzen, aus dem sie nicht mehr herauskommen. Dadurch finden die noch nicht Tanzenden mehr Platz und es werden sich wieder neue Paare bilden.

Temperaturänderungen

Reaktionen, die Energie in Form von Wärme abgeben, nennt man exotherme Reaktionen. Exotherme Reaktionen werden begünstigt, wenn die gebildete Wärme leicht abfließen kann. Eine Abkühlung des Reaktionssystems begünstigt somit exotherme Reaktionen.

Reaktionen, bei denen die Reaktionsteilnehmer Wärme aufnehmen, nennt man endotherm. Da eine endotherme Reaktion zu einer Abkühlung der Umgebung führt, wird sie begünstigt, wenn Wärme in das Reaktionssystem einfließen kann. Wärmezufuhr begünstigt somit eine endotherme Reaktion.

Ein sehr anschauliches Beispiel ist die „**Iod-Stärke-Reaktion**“, mit der man durch Zutropfen von Iod die Anwesenheit von Stärke feststellen kann. Verfärbt sich die Probe blau, ist dies ein Hinweis für Stärke, da sich der blaue Iod-Stärke-Komplex gebildet haben muss. Diese Reaktion funktioniert allerdings nur, wenn man die richtige Temperatur gewählt hat. Da die Hinreaktion exotherm ist, muss das System gekühlt werden. Bei hoher Temperatur würde sofort die Rückreaktion verstärkt ablaufen und es bildet sich trotz der Anwesenheit von Stärke kein blauer Komplex. Das Nichtberücksichtigen dieses Umstands ist schon so manchem Analytiker zum Verhängnis geworden.

Auch im Tanzsaal kann man mit Temperaturänderungen so manches beeinflussen. Die Bildung unserer Tanzpaare war eine exotherme Reaktion und die Temperatur auf der Tanzfläche ist gestiegen. Möchte man die Bildung weiterer Paare fördern, so gelingt dies, indem man den Tanzsaal kühl hält. Ansonsten überhitzt sich der Raum und immer weniger haben Lust auf Bewegung.

Druckänderungen

Die Änderung des Drucks beeinflusst nur Reaktionen, an denen Gase beteiligt sind.

Eine Druckänderung bewirkt eigentlich immer eine Konzentrationsänderung, da bei Erhöhung des Drucks ein Gasgemisch konzentriert wird, während es bei Druckverringerung verdünnt wird.

Fall a: Druckerhöhung

Bei Druckerhöhung wird sich das Gleichgewicht immer auf jene Seite verschieben, die das geringere Volumen in Anspruch nimmt. Dies kann man sich ganz leicht durch folgende Vorstellung erklären:

Während die Ausgangsstoffe in unserem Beispiel jeweils 1 Liter Platz brauchen, beansprucht das Produkt AB nur die Hälfte des Volumens. Drückt man nun mit einem Stempel auf das System, verringert sich das zur Verfügung stehende Volumen. Somit stellt der Druck des Stempels einen äußeren Zwang dar. Die Moleküle versuchen, diesem auszuweichen, indem sie zu Produkten weiterreagieren, die weniger Platz benötigen. Durch die Umwandlung von Edukt zu Produkt stellt die Druckerhöhung (gleichbedeutend mit Verringerung des Volumens) keine Belastung mehr für das System dar. Das System konnte also dem äußeren Zwang ausweichen.

Am folgenden Beispiel kann dies noch einmal erläutert werden.

$$2NO_{(g)} + O_{2(g)} \rightleftharpoons 2NO_{2(g)}$$

Läge das Gleichgewicht ganz auf der linken Seite, würden 3 mol Gase den Raum beanspruchen. Wenn ich nun den Druck erhöhe, also den Raum verkleinere, können die Moleküle dem äußeren Zwang ausweichen, indem sie sich zu 2 mol Produkt umwandeln. Da zwei mol Gas weniger Platz benötigen als 3 mol Gas, konnten sie dadurch der Druckerhöhung ausweichen. Das Gleichgewicht verschiebt sich also bei Druckerhöhung auf die rechte Seite.

Allen wird mittlerweile klar sein, dass wir auch dieses in unserem Tanzsaal anwenden können. Stehen zwei Personen distanziert nebeneinander, beanspruchen sie mehr Platz, als wenn sie eng umschlungen tanzen würden.

Verringere ich das Raumangebot, vergrößere ich also den Druck auf die Männer und Frauen, wird man feststellen, dass mehr Tanzpaare entstehen.

Fall b: Drucksenkung

Drucksenkung führt zu einer Verschiebung auf jene Seite, die mehr Volumen benötigt.

Gehen wir wieder davon aus, dass die Ausgangsstoffe ein bestimmtes Volumen benötigen. Vergrößert man nun das Volumen, stellt die Drucksenkung den äußeren Zwang dar und die Moleküle versuchen, diesem auszuweichen, indem sie zu anderen Stoffen weiterreagieren, die von Haus aus mehr Platz in Anspruch nehmen. Dadurch stellt die Druckerniedrigung, also die Vergrößerung des Volumens, keine Belastung mehr für das System dar. Wieder konnte das System dem äußeren Zwang ausweichen.

$$CO_{2(g)} + H_2O_{(l)} \rightleftharpoons H_2CO_{3(l)}$$

Will man Kohlendioxid (CO_2) mit Wasser zu Kohlensäure (H_2CO_3) reagieren lassen, gelingt dies am besten unter hohem Druck. Lässt der Druck beim Öffnen der Flasche nach, so kommt der entgegengesetzte Prozess in Gang! Die Kohlensäure zerfällt, das CO_2-Gas wird schlagartig freigesetzt und reißt beim Ausströmen einen Teil des Inhalts mit!

Die menschliche Haut ist bis auf wenige Ausnahmen (Handinnenflächen, Fußsohlen, Brustwarzen und Lippen) mit Körperhaaren bedeckt. Man unterscheidet zwischen Haupt- und Wollhaaren. Wollhaare sind zurückgebildete Reste unserer Vorfahren.

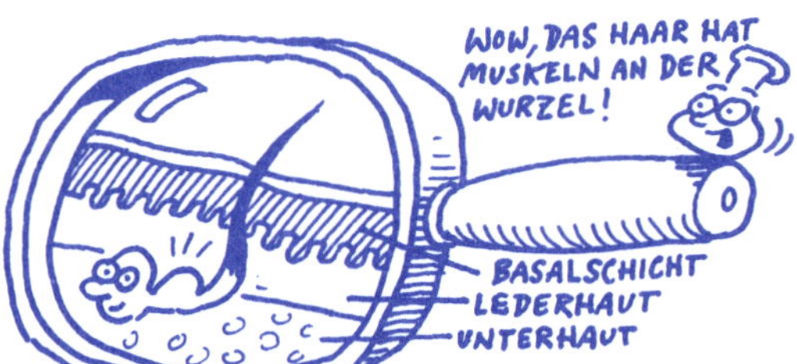

Die Körperbehaarung hat vor allem einen Zweck zu erfüllen. Wenn ein Mensch erschrickt oder friert, sträuben sich ihm die Haare zu Berge.

Dass es sich im Angstzustand auszahlen kann, größer auszusehen, ist nachvollziehbar, aber was bringt das Aufstellen der Haare, wenn man friert?

Wenn wir nach dem Schwimmen aus dem Badesee steigen, ist unsere Haut von Wasser benetzt. Sofort wird ein Teil des flüssigen Wassers verdunsten und ein

Gleichgewicht zwischen flüssigem und gasförmigem Wasser stellt sich ein. Fährt nun Wind über unsere Haut, entzieht er das sich im Gleichgewicht befindliche gasförmige Wasser. Wind verändert also die Konzentration eines Produkts. Um wieder ein Gleichgewicht herstellen zu können, muss flüssiges Wasser verdunsten. Weil aber die Verdunstung ein endothermer Prozess ist, also Wärme benötigt, holt sich das Wasser die Energie aus der Hautoberfläche. Die Haut kühlt dadurch ab und meldet dies dem Gehirn. Dieses veranlasst, dass der Musculus arrector pilii kontrahiert und die Haare aufstellt.

Du weißt aber noch immer nicht, warum er dies tut? Durch das Aufstellen der Haare wird es dem Wind schwerer gemacht, gasförmiges Wasser von der Oberfläche zu entfernen. Dadurch wird bei starker Behaarung die Verdunstung erschwert und der Wärmeverlust eingedämmt.

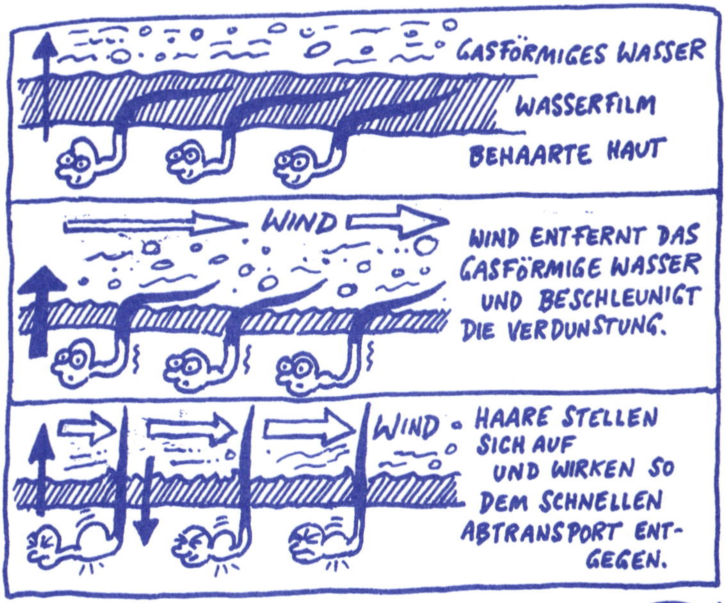

Kapitel 9

WENN PROTONEN BADEN GEHEN

Wenn Protonen baden gehen

Säuren sind extrem ätzend. Säuren lassen unreifes Obst sauer schmecken. Säuren fressen sich durch unsere Kleidung. Sie lassen Metalle korrodieren und zerstören die Oberfläche vieler alter Gemäuer. Säuren verursachen Sodbrennen und stören unseren Säure-Base-Haushalt. Manche Säuren sind so giftig, dass nur wenige Gramm zum Tode führen. Säuren sind für den sauren Regen verantwortlich und schädigen die Pflanzen. Vor Säuren müssen wir uns schützen – mit Schutzbrille, Schutzhandschuhen und Schutzmantel.

Warum sollen wir uns eigentlich mit Säuren beschäftigen, wo sie uns doch nur Zerstörung und Unheil bringen? Der Grund dafür ist, dass sie neben ihrer zerstörerischen Wirkung auch sehr nutzbringend sein können.

Säuren helfen uns bei der Verdauung. Säuren lassen Pflanzen bunter aussehen. Säuren verbessern den Geschmack in Getränken. Säuren helfen uns, Lebensmittel zu konservieren, und regeln unseren Säure-Base-Haushalt. Viele Säuren dienen uns als Katalysatoren. Und gerade weil die Säuren so aggressive Stoffe sind, können wir sie als Werkzeuge der Chemiker bezeichnen. Ohne sie würde es uns viel schwerer fallen, Stoffe zu verändern. Und genau das ist eine wichtige Aufgabe der Chemie.

Allgemeine Definition nach Bronsted:

Säuren sind Stoffe, die bei einer Reaktion H^+-Ionen (Protonen) **abgeben**.

Basen sind Stoffe, die bei einer Reaktion H^+-Ionen (Protonen) **aufnehmen**.

Nach dieser Definition beschreiben die Begriffe Säure und Base eigentlich keine Stoffeigenschaften, sondern das Verhalten von Stoffen gegenüber ihrem Reaktionspartner. Im herkömmlichen Sinn sind die Reaktionspartner von Säuren und Basen allerdings immer Wassermoleküle. Dadurch ergeben sich für uns gewisse Einschränkungen und einige Erleichterungen zugleich.

Reaktionen von Säuren mit Wasser

Reagieren Säuren mit Wasser, geben sie H^+-Ionen an dieses ab. Dabei bilden sich immer H_3O^+-Ionen (Hydronium-Ionen), die für den Charakter einer sauren Lösung verantwortlich sind.

Den Zerfall eines Stoffs in seine Ionen nennt man auch **Dissoziation**. Säuren dissoziieren also in Wasser zu einem Hydronium-Ion und einem Säurerest-Anion.

Für die Reaktion zwischen einer Säure und Wasser lässt sich nun eine allgemeine Reaktionsgleichung formulieren, wobei H-R für die Säure und R^- für den Säurerest steht:

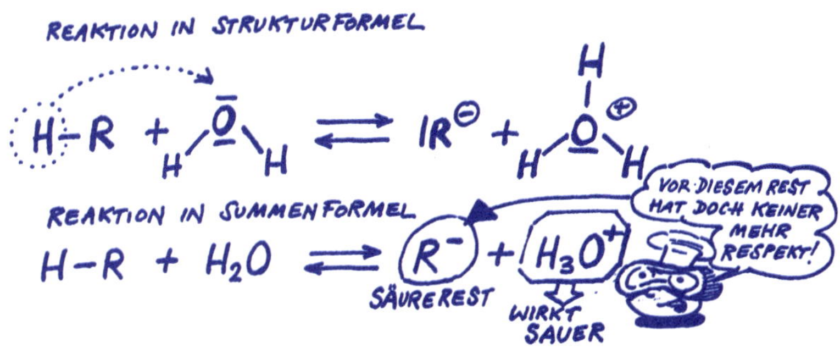

Wie sich der oberen Reaktionsgleichung entnehmen lässt, wirkt eine Säure erst dann sauer, wenn sie mit Wasser in Kontakt kommt. Es klingt absurd, aber ohne Wasser kann eine Säure keine ätzende Wirkung entfalten.

Die folgende Tabelle zeigt dir die wichtigsten Verbindungen, die mit Wasser als Säuren reagieren. Je nachdem, wie viele H-Atome ein Säuremolekül besitzt, unterscheidet man zwischen einprotonigen, zweiprotonigen und dreiprotonigen Säuren. Da ein H^+-Ion nur aus einem Proton besteht, kannst du es eben auch als Proton bezeichnen.

Name der Säure	**Summenformel der Säure**	**Formel des Säurerests**	**Name des Säurerests**
Salzsäure	HCl	Cl^-	Chlorid
Blausäure	HCN	CN^-	Cyanid
Salpetersäure	HNO_3	NO_3^-	Nitrat
Schwefelsäure	H_2SO_4	HSO_4^-	Hydrogensulfat
		SO_4^{2-}	Sulfat
Kohlensäure	H_2CO_3	HCO_3^-	Hydrogencarbonat
		CO_3^{2-}	Carbonat
Phosphorsäure	H_3PO_4	$H_2PO_4^-$	Dihydrogenphosphat
		HPO_4^{2-}	Hydrogenphosphat
		PO_4^{3-}	Phosphat

Reagiert eine Säure mit Wasser, findet man in der sauren Lösung neben den H_3O^+-Ionen auch den Säurerest. Da dieser für das weitere Reaktionsverhalten oft eine große Rolle spielt, ist es wichtig, über seinen Namen und seine Ladung Bescheid zu wissen. Die meisten Namen beginnen mit einer gekürzten Version des lateinischen Namens und enden mit -at, wenn ein Sauerstoff darin enthalten ist. Ohne Sauerstoff enden die Säurereste mit -id. Da das abgegangene H^+-Ion dem Säurerest sein negatives Bindungselektron zurücklässt, erhält der Säurerest für jedes abgespaltene Proton eine negative Ladung.

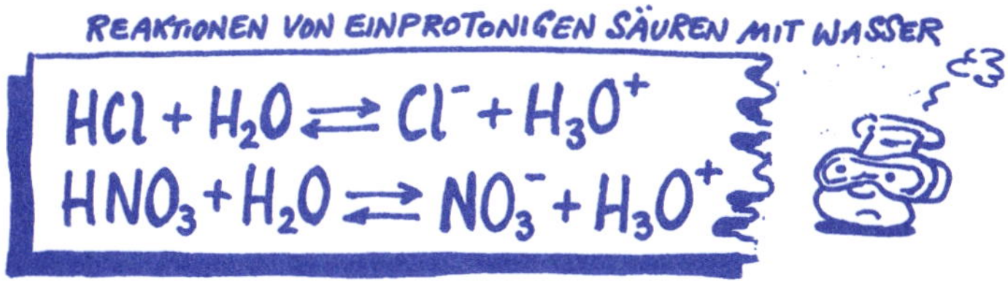

Da die Kohlensäure als **zweiprotonige** Säure zwei H-Atome enthält, gibt es auch zwei Möglichkeiten, wie sie mit Wasser reagieren kann. Merke dir, dass es immer nur zur Bildung von H_3O^+-Ionen kommen kann, ganz egal wie viele H-Atome die Säure abspalten kann. Ein H_4O^{2+} ist nicht möglich, da ein positiv geladenes H_3O^+ kein zusätzlich positiv geladenes H^+-Ion aufnehmen kann.

Bei der **dreiprotonigen** Phosphorsäure gibt es somit drei Möglichkeiten, wie sie mit Wasser reagieren kann.

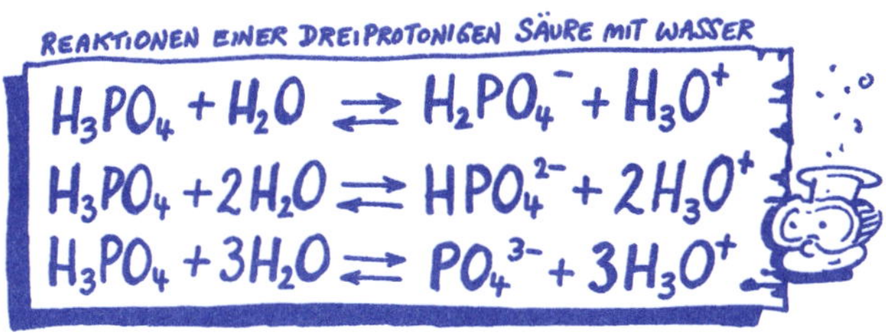

Reaktionen von Basen mit Wasser

Im herkömmlichen Sinn sind Basen Stoffe, die H^+-Ionen von Wasser aufnehmen. Dabei bilden sich immer Hydroxid-Ionen (OH^--Ionen), die für den basischen bzw. alkalischen Charakter einer Lösung verantwortlich sind.

Die folgende Tabelle zeigt dir Stoffe, die mit Wasser als Basen reagieren:

Name Reinstoff	**Formel Reinstoff**	**Name der wässrigen Lösung**	**Dissoziierter Zustand**
Natriumhydroxid	$NaOH$	Natronlauge	Na^+/OH^-
Kaliumhydroxid	KOH	Kalilauge	K^+/OH^-
Calciumhydroxid	$Ca(OH)_2$	Kalkwasser	$Ca^{2+}/2\ OH^-$
Ammoniak	NH_3	Salmiak	NH_4^+/OH^- (vereinfacht: NH_4OH) Ammoniumhydroxid

Aus der Tabelle kannst du entnehmen, dass die Namen der Reinstoffe exakt auf die Struktur schließen lassen. Die Namen der wässrigen Lösungen lassen darauf weniger schließen. Trotzdem werden sie heute noch gerne verwendet. Der dissoziierte, also ionisierte Zustand zeigt dir, wie die Basen vorliegen, wenn sie im Wasser aufgelöst sind.

Am einfachsten kann man die basische Wirkung am Beispiel von Ammoniak zeigen:

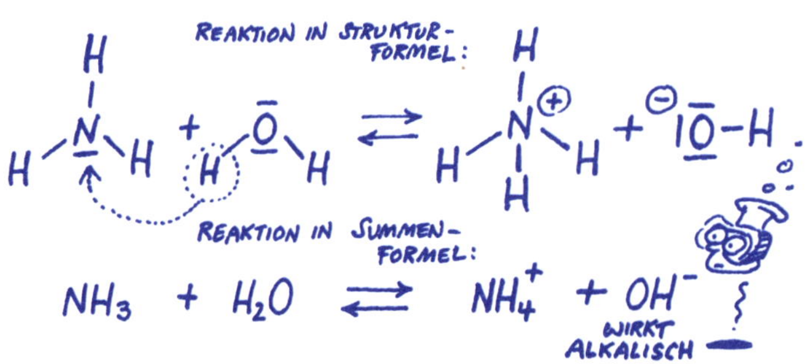

Autoprotolyse des Wassers

Wassermoleküle sind amphotere Teilchen, dass heißt, sie können H^+-Ionen aufnehmen und abgeben. Somit ist ein H^+-Übergang zwischen zwei Wassermolekülen möglich. Autoprotolyse (von griech. auto, selbst) bedeutet also, dass Wasser aus eigener Kraft in der Lage ist, ein H^+-Ion abzuspalten bzw. aufzunehmen.

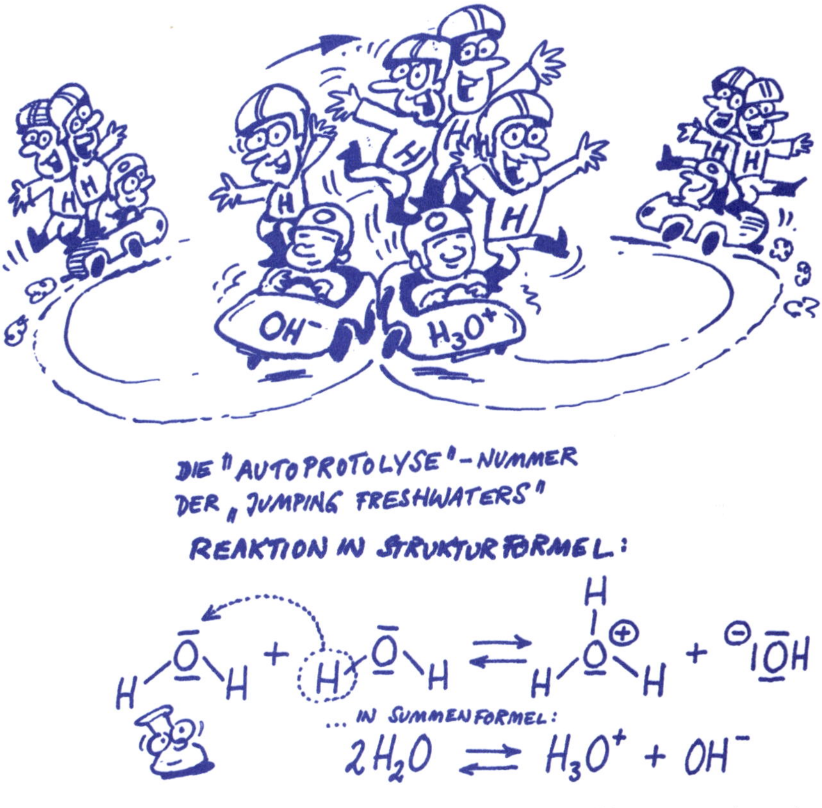

Obige Reaktion zeigt also, dass normales Wasser sowohl zu H_3O^+ als auch zu OH^- zerfallen kann. Die Frage ist nun, in welchem Ausmaß passiert dies? Wenn wir Wasser trinken, nehmen wir dann überhaupt H_2O-Moleküle zu uns oder sind es hauptsächlich H_3O^+- bzw. OH^--Ionen? Um diese Fragen zu beantworten, müssen wir das Massenwirkungsgesetz anwenden und uns zwei Werte aus der Literatur besorgen.

Gleichgewichtskonstante: $K_C = 3{,}24 \cdot 10^{-18}$ $\qquad$ $[H_2O] = 55{,}5$ mol/l

$$2H_2O \rightleftharpoons H_3O^+ + OH^-$$

$$K_c = \frac{[H_3O^+] \cdot [OH^-]}{[H_2O]^2}$$

Da K_C sehr klein ist, sehen wir, dass das Gleichgewicht sehr weit **links** liegt und die Konzentration von H_2O-Molekülen als annähernd konstant angesehen werden kann. Das heißt, K_C und $[H_2O]^2$ lassen sich zu einer neuen Konstante $\mathbf{K_W}$ zusammenführen.

$$K_c \cdot [H_2O]^2 = K_W = [H_3O^+] \cdot [OH^-]$$

Da diese neue Konstante dem Produkt von $[H_3O^+]$ und $[OH^-]$ entspricht, nennt man K_w auch das **Ionenprodukt des Wassers**. Zur Ermittlung des Werts multiplizierst man also K_C ($3{,}24 \cdot 10^{-18}$) mit dem Quadrat der Konzentration des Wassers (55,5 mol/l).

$$K_W = K_c \cdot [H_2O]^2$$
$$K_W = 3{,}24 \cdot 10^{-18} \cdot [55{,}5]^2$$

Dies ergibt bei 25°C einen Wert von $\mathbf{K_w = 1 \cdot 10^{-14} mol^2/l^2}$.

Da genauso viele H_3O^+- wie OH^--Ionen entstehen müssen, können wir die Konzentration von H_3O^+ mit der von OH^- gleichsetzen:

$[H_3O^+] = [OH^-]$

$$K_W = [H_3O^+] \cdot [H_3O^+] = [H_3O^+]^2$$
$$[H_3O^+] = \sqrt{K_W} = \sqrt{1 \cdot 10^{-14}} = 1 \cdot 10^{-7} mol/l$$

Ein Liter Wasser enthält bei 25°C also exakt

$1 \cdot 10^{-7}$ mol H_3O^+ - und **$1 \cdot 10^{-7}$ mol OH^-**-Ionen.

Dieses Ergebnis ist im ersten Moment sehr verwirrend, da sich nun doch die Frage aufdrängt, ob Wasser jetzt als saure oder als alkalische Lösung bezeichnet werden sollte.

Der pH-Wert

(lat… pondus Hydrogenii, "Die Kraft des Wasserstoffs")

Interessanterweise gilt das Ionenprodukt des Wassers nicht nur für reines Wasser, sondern auch für verdünnte Säuren bzw. Basen. Daraus folgt, dass die Konzentration der H_3O^+- und die der OH^--Ionen voneinander abhängen und deren Produkt immer $1 \cdot 10^{-14}$ mol/l beträgt.

Nimmt zum Beispiel die Konzentration von H_3O^+ zu, muss gleichzeitig die Konzentration der OH^--Ionen so weit abnehmen, dass der Wert von K_W, also $1 \cdot 10^{-14}$, wieder erreicht wird!

$$K_W = 1 \cdot 10^{-14} = [H_3O^+] \cdot [OH^-]$$

Wässrige Lösungen werden nun aufgrund ihrer H_3O^+- oder OH^--Konzentration in saure, alkalische oder neutrale Lösungen eingeteilt.

NEUTRALE LÖSUNG: $[H_3O^+] = [OH^-] = 10^{-7}$ mol/l

SAURE LÖSUNG: $[H_3O^+] > 10^{-7}$ mol/l

ALKALISCHE LÖSUNG: $[H_3O^+] < 10^{-7}$ mol/l

Da es für den Praktiker nun aber sehr umständlich ist, so kleine Zahlen wie die obigen zu verwenden, führte man als praktische Maßzahl für den sauren oder alkalischen Charakter einer Lösung den **pH-Wert** ein.

Der pH-Wert ist der mit –1 multiplizierte dekadische Logarithmus der H_3O^+-Konzentration.

$$pH = -\log[H_3O^+]$$

Dies klingt nicht gerade vereinfacht, sondern eher kompliziert und abgehoben. Ist es aber nicht. Mit diesem mathematischen Trick erhält man aus sehr kleinen Zahlen überschaubare Zahlen, mit denen man sich relativ schnell zurechtfindet.

Wenn man also aus der extrem kleinen Zahl 0,0000001 (bzw. 10^{-7}) den negativen dekadischen Logarithmus bildet, erhält man die Zahl 7. Diese Zahl ist viel überschaubarer und einprägsamer als 0,0000001.

Folgende Tabelle zeigt dir den Zusammenhang zwischen der Konzentration der H_3O^+- sowie der OH^--Ionen und dem pH-Wert von verdünnten Lösungen:

$[H_3O^+]$ (mol/l)	$[H_3O^+]$ (mol/l)	pH-WERT	$[OH^-]$ (mol/l)	CHARAKTER
1	10^0	0	10^{-14}	SAUER
0,001	10^{-3}	3	10^{-11}	
0,00001	10^{-5}	5	10^{-9}	
0,000.0001	10^{-7}	7	10^{-7}	NEUTRAL
0,000.000.001	10^{-9}	9	10^{-5}	ALKALISCH
0,000.000.000.01	10^{-11}	11	10^{-3}	
0,000.000.000.000.01	10^{-14}	14	10^0	

SAURE LÖSUNG : pH-WERT 0 BIS 7
NEUTRALE LÖSUNG : pH-WERT 7
ALKALISCHE LÖSUNG : pH-WERT 7 BIS 14

Rechnen mit dem pH-Wert

Ist dir von einer Lösung die H_3O^+-Konzentration bekannt, kannst du mithilfe eines Taschenrechners ganz leicht ihren pH-Wert ermitteln.

Berechne den pH-Wert einer Lösung, die 0,00039 mol $[H_3O^+]$ enthält!

$$pH = -\log [H_3O^+] = -\log(0{,}00039) = 3{,}4$$

Umgekehrt geht es übrigens auch. Ist dir von einer Lösung der pH-Wert bekannt, kannst du daraus die H_3O^+- und OH^--Konzentration ermitteln.

Wie hoch sind die H_3O^+- und OH^--Ionenkonzentrationen einer Lösung mit einem pH-Wert von 8,5?

$$pH = -\log\left[H_3O^+\right]$$

$$\left[H_3O^+\right] = \log^{-1}(-pH) = 3 \cdot 10^{-9}\,\text{mol/l}$$

$$K_W = 1 \cdot 10^{-14} = \left[H_3O^+\right] \cdot \left[OH^-\right]$$

$$\left[OH^-\right] = \frac{1 \cdot 10^{-14}}{\left[H_3O^+\right]} = 3{,}3 \cdot 10^{-6}\,\text{mol/l}$$

Messung des pH-Werts

Die folgende Tabelle zeigt dir einige Beispiele von pH-Werten verschiedener Alltagsstoffe. Die pH-Werte sind nur ungefähre Werte und hängen zusätzlich von der Verdünnung mit Wasser ab. Je mehr man eine Säure bzw. Base mit Wasser verdünnt, umso mehr nähert sich der pH-Wert Richtung 7.

pH	Beispiele	Charakter
0	verdünnte Salzsäure	sauer
1	Batteriesäure	
2	Magensaft	
3	Essig	
4	saure Milch	
5	Kaffee	
6	Haut	
7	Wasser	neutral
8	Dünndarmsaft	alkalisch
9	Seifenlösung	
10	Waschmittellösung	
11	Rohrreiniger	
12	Reinigungsmittel	
13	Backofenreiniger	
14	verdünnte Natronlauge	

Natürlich gibt es auch eine konzentrierte Salzsäure und Natronlauge. Für diese Lösungen gilt jedoch nicht mehr die Beziehung mit dem Ionenprodukt des Wassers und somit kann man den pH-Wert dafür nicht anwenden. Hierfür muss man die H_3O^+- bzw. OH^--Ionenkonzentration wie gewohnt in mol/l angeben.

pH-Meter

In der Chemie ist das Wissen um den pH-Wert sehr wichtig, da viele Reaktionen oft nur einen bestimmten pH-Bereich tolerieren. Um einen pH-Wert exakt bestimmen zu können, verwenden wir in der Chemie sehr oft ein pH-Meter. Dabei handelt es sich um ein elektronisches Messgerät, das mittels einer Glaselektrode das elektrische Potenzial der Lösungen misst. Das Potenzial ändert sich mit der Konzentration der H_3O^+-Ionen. Das Messgerät wandelt das gemessene Potenzial gleich in den pH-Wert um. pH-Meter können den pH-Wert sehr exakt messen.

Indikatoren

Falls zur Bestimmung des pH-Werts kein pH-Meter zur Verfügung steht, gibt es auch die Möglichkeit, Indikatoren zu verwenden.

Indikatoren sind **Farbstoffe**, die bei unterschiedlichen pH-Werten unterschiedliche Farbtöne aufweisen. Somit gelingt es mithilfe von Indikatoren, saure, neutrale und alkalische Stoffe zu unterscheiden.

INDIKATOR	SAUER	NEUTRAL	ALKALISCH
BROMTHYMOLBLAU	ROT	GELB	BLAU
PHENOLPHTALEIN	FARBLOS	FARBLOS	PINK

Tropft man also Phenolphthalein in eine unbekannte Lösung und verfärbt sich diese pink, liefert das die Erkenntnis, dass die Lösung alkalisch ist. So praktisch die Indikatorfarben auch sind, kann man durch nur einen einzelnen Indikator jedoch lediglich Angaben über den Charakter einer Lösung machen.

Anders ist es, wenn man aus mehreren Indikatoren eine Mischung zubereitet. Solche Mischungen nennt man **Universalindikator**-Lösungen und sie ermöglichen mithilfe einer Farbtabelle eine Zuordnung des pH-Werts bis in den Zehntelbereich.

Ganz ähnlich gestaltet sich die Verwendung eines **Indikatorpapiers**. Dies ist ein mit Universalindikatoren getränktes Papier. Wie beim Universalindikator zeigt das Indikatorpapier bei jedem pH-Wert eine andere Farbe. Durch Vergleich mit einer Farbskala lässt sich der pH-Wert relativ genau zuordnen. Schwierigkeiten hat man mit Indikatoren nur, wenn schon gefärbte Lösungen vorliegen. Hier muss man dann auf das pH-Meter zurückgreifen.

Vorkommen von Indikatoren in der Natur

Indikatoren gibt es nicht nur im Chemielabor, sondern sie finden sich ebenso in vielen Blütenblättern. Und so kann sich auch die Farbe einer Blüte ändern, wenn es während der Blüte zu einer pH-Wert-Änderung kommt.

So lassen sich die rosafarbene und blaue Blütenfarbe des Lungenkrauts erklären. Im Volksmund heißt diese Pflanze auch „Hänsel und Gretel", weil sie im Frühjahr eine rosafarbene Blüte, genannt Gretel, und eine blaue Blüte, genannt Hänsel, ausbildet. Tatsächlich ist es so, dass sich die beiden Blütenfarben mit einer Änderung des pH-Werts erklären lassen. Während die jungen Blütenblätter einen sauren Charakter aufweisen und den Blütenfarbstoff rosa färben, verändert sich mit der Blühdauer der Charakter ins Alkalische, was mit einer Verfärbung ins Blaue einhergeht. Salopp formuliert macht jede Gretel also im Laufe ihrer Blühphase eine Geschlechtsumwandlung mit und reift zu einem Hänsel heran. Wenn du Gretel dies nicht zumuten möchtest, dann halte Hänsel einfach für kurze Zeit in eine saure Lösung und schon wird Gretel in ihrer ursprünglichen rosafarbenen Schönheit erstrahlen.

Es gibt aber auch andere Beispiele für Pflanzen, die unterschiedliche Blütenfarben besitzen, jedoch vom selben Farbstoff ihre Pracht beziehen. So ist nur ein unterschiedlicher pH-Wert dafür verantwortlich, dass die leicht sauren Blüten des **Klatschmohns rot** und die leicht alkalischen der **Kornblume blau** erscheinen, obwohl beide denselben Farbstoff besitzen.

Auch bei der Zubereitung mancher Speisen hat eine Veränderung des pH-Werts schon oft für Verwirrung gesorgt. So sind sich manche Köche uneins, ob sie von einem Rotkraut- oder Blaukrautgericht sprechen sollen. Die Farbe des Blaukrauts ist nämlich im Neutralen bis leicht Alkalischen blau und im Sauren rot. So verfärbt sich das Kraut von blau nach rot, wenn man es mit Essig oder einem sauren Apfel zubereitet.

Die Stärke von Säuren und Basen

Ob du dich nun durch eine Säure verätzen kannst oder nicht, hängt neben ihrer Verdünnung mit Wasser vor allem von ihrer Säurestärke ab. Aber was bedeutet Säurestärke eigentlich und wie ermittelt man sie?

Zur Bestimmung der Stärke von Säuren musst du sie zunächst stets auf denselben Reaktionspartner, also auf Wasser, beziehen.

Eine Säure ist umso stärker, je leichter sie ihre Protonen an Wasser abgeben kann. Dies wird stark von der Polarität des Säurerests bestimmt. Je höher die Elektronegativität des Säurerests ist, umso stärker werden die Bindungselektronen vom Wasserstoffatom angezogen und umso leichter geben sie das H-Atom ab.

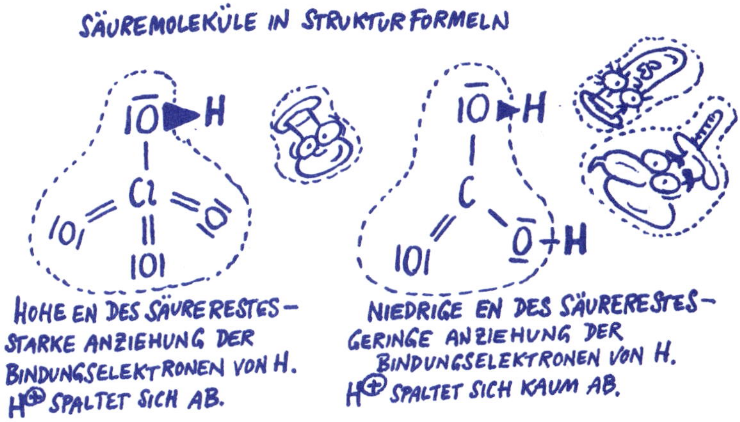

Das Ausmaß der H^+-Abspaltung lässt sich natürlich durch die Gleichgewichtskonstante K sehr exakt beschreiben.

$$H{-}R + H_2O \rightleftharpoons R^- + H_3O^+$$

$$K_c = \frac{[R^-] \cdot [H_3O^+]}{[H{-}R] \cdot [H_2O]}$$

Je größer K also ist, umso weiter liegt das Gleichgewicht auf der rechten Seite und umso mehr H^+-Ionen kann die Säure abspalten. Dieser mathematische Ausdruck lässt sich aber noch vereinfachen, da die Konzentration des Wassers in verdünnten Lösungen nahezu konstant ist. Dadurch kann die Konzentration des Wassers mit K_C zu einer neuen Konstante, der sogenannten Säurekonstante K_S, vereinigt werden.

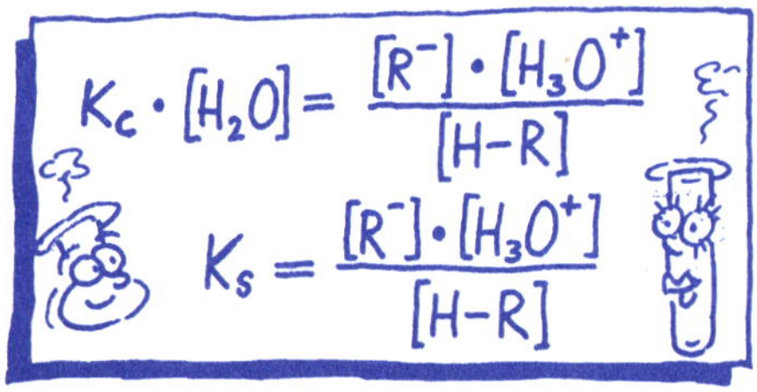

Die Werte der Säurekonstanten können sich bei den unterschiedlichen Säuren allerdings um viele Zehnerpotenzen unterscheiden. Um den Vergleich zu erleichtern, wandelt man die Säurekonstante mit dem negativen Logarithmus zum sogenannten pK_S-Wert um.

Eine Säure ist umso stärker, je größer ihre Säurekonstante K_S bzw. je kleiner oder negativer ihr pK_S-Wert ist.

Säure	K_S	pK_S	Charakter
$HClO_4$	10^8	-8	
HCl	10^6	-6	stark sauer
H_2SO_4	10^3	-3	
HNO_3	10^1	-1	mäßig sauer
H_3PO_4	10^{-3}	3	
H_2CO_3	10^{-7}	7	schwach sauer
HCN	10^{-10}	10	

Wie du aus der Tabelle sehen kannst, zählt die Perchlorsäure ($HClO_4$) zu den stärksten. Von 100 $HClO_4$-Molekülen haben ca. 99 ihr H^+-Ion abgespalten. Die hohe Elektronegativität des Chlors erleichtert die Trennung vom H^+ sehr. Umgekehrt kannst du erkennen, dass die Kohlensäure, obwohl sie 2 H^+ besitzt, zu den sehr schwachen Säuren zählt. Von 100 H_2CO_3-Molekülen spaltet nur ein einziges seine H^+-Ionen ab, und davon auch nicht beide gleich gerne. Die relativ geringe Elektronegativität des C-Atoms reicht kaum aus, um die Bindungselektronen vom H^+ wegzureißen.

Neutralisation

Was passiert eigentlich, wenn man eine Säure und eine Base zusammenbringt? Verätzt die Säure die Base oder umgekehrt? Kann es sein, dass sich die ätzende Wirkung der beiden sogar aufhebt?

Dies ist tatsächlich der Fall, wenn Säure und Base in einem bestimmten Mengenverhältnis zusammengebracht werden. Bei derartigen Reaktionen sprechen wir dann von einer **Neutralisationsreaktion**.

Neutralisation ist eine Reaktion zwischen einer Säure und einer Base in jenem Mengenverhältnis, dass sämtliche OH^--Ionen der Basenmoleküle mit den Protonen der Säuremoleküle zu H_2O reagieren. Die restlichen Säurerest- und Basenrestionen werden vom Wasser hydratisiert. Erst beim Verdampfen von Wasser entstehen daraus Salze.

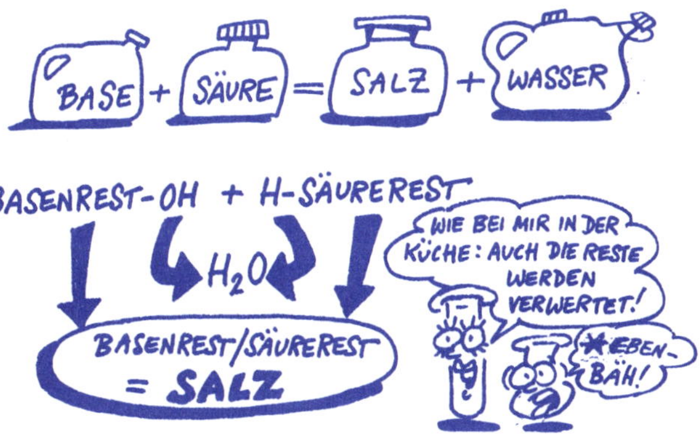

Zur Benennung von Salzen gehst du am besten folgendermaßen vor:

Im Folgenden sollen nun einige Neutralisationsreaktionen zwischen Basen und Säuren formuliert werden. Der Einfachheit halber werden die Formeln der Reinstoffe verwendet. Und zur Richtigstellung der Gleichungen dient dir eine kurze, prägnante Merkregel:

Damit H_2O entstehen kann, braucht jedes OH^- der Base ein H^+ der Säure!

Neutralisation zwischen Natronlauge und Salzsäure:

$$Na\mathbf{OH} + \mathbf{H}Cl \rightarrow NaCl + \mathbf{H_2O}$$

Der Name des Salzes ist dir sicher schon bekannt. Er lautet **Natriumchlorid**, besser bekannt als das im Haushalt verwendete Kochsalz.

Neutralisation zwischen Kalilauge und Blausäure:

$$K\mathbf{OH} + \mathbf{H}CN \rightarrow KCN + \mathbf{H_2O}$$

Der Name des Salzes lautet **Kaliumcyanid** und ist das im zweiten Weltkrieg verwendete Cyankali, mit dem sich gefangene Soldaten das Leben nahmen, um Folterungen zu entkommen.

Neutralisation zwischen Kalkwasser und Kohlensäure:

$$Ca(\mathbf{OH})_2 + \mathbf{H_2}CO_3 \rightarrow CaCO_3 + 2\,\mathbf{H_2O}$$

Der Name des Salzes ist **Calciumcarbonat** und unter dem Synonym Kalk besser bekannt.

Neutralisation zwischen Kalkwasser und Schwefelsäure:

$$Ca(\mathbf{OH})_2 \ + \ \mathbf{H_2}SO_4 \ \rightarrow \ CaSO_4 \ + \ 2\ \mathbf{H_2O}$$

Der Name des Salzes ist **Calciumsulfat** und erfreut sich als Gips bei Wintersportlern größter Beliebtheit.

Die oberen vier Neutralisationen waren nun alles Beispiele, wo die Anzahl der H^+ und OH^- von vornherein übereinstimmt. Ist dies nicht der Fall, musst du für eine Übereinstimmung sorgen, indem du mittels Koeffizienten die Anzahl der Säure- und Basemoleküle variierst.

Neutralisation zwischen Kalkwasser und Salpetersäure:

$$Ca(\mathbf{OH})_2 \ + \ \mathbf{2\ H}NO_3 \ \rightarrow \ Ca(NO_3)_2 \ + \ \mathbf{2\ H_2O}$$

Der Name des Salzes ist **Calciumnitrat** und wird im Pflanzenanbau als Kunstdünger eingesetzt.

Neutralisation zwischen Kalkwasser und Phosphorsäure:

In diesem Fall musst du zwischen den zwei OH^- und drei H^+, die zur Reaktion kommen sollen, das kleinste gemeinsame Vielfache, also sechs, bilden. Damit sechs OH^- mit 6 H^+ reagieren können, braucht man somit drei $Ca(OH)_2$ und zwei H_3PO_4-Moleküle.

$$\mathbf{3}\ Ca(\mathbf{OH})_2 \ + \ \mathbf{2\ H_3}PO_4 \ \rightarrow \ Ca_3(PO_4)_2 \ + \ \mathbf{6\ H_2O}$$

Der Name des Salzes ist **Calciumphosphat** und wird auch als Apatit bezeichnet. Es dient unseren Knochen als Baumaterial.

Wie du aus den oberen Neutralisationsreaktionen erkennen konntest, lassen sich durch Neutralisationsreaktionen wichtige Salze herstellen. Für den Fall, dass du nur den Namen eines Salzes gegeben hast und daraus die Formel herleiten möchtest, gehst du am besten wie folgt vor:

- Als Erstes schreibst du die Symbole des Basen- und Säurerests an!
- Im zweiten Schritt ermittelst du die Ladungen deiner Basen- und Säurereste und schreibst sie über die Symbole!
- Damit zwischen dem Basen- und Säurerest ausgeglichene Ladungen herrschen, fügst du in der Formel einen entsprechenden Index ein!

Name des Salzes	Ladungen der Reste	Formel des Salzes
Kaliumnitrat	K^+/NO_3^-	KNO_3
Natriumsulfat	Na^+/SO_4^{2-}	Na_2SO_4
Calciumchlorid	Ca^{2+}/Cl^-	$CaCl_2$
Ammoniumcyanid	NH_4^+/CN^-	NH_4CN
Calciumphosphat	Ca^{2+}/PO_4^{3-}	$Ca_3(PO_4)_2$

Puffersysteme und ihre Bedeutung im Körper

In den Zellen lebender Organismen können viele Reaktionen nur bei einem ganz bestimmten pH-Wert ablaufen. Der Hauptgrund dafür ist, dass vor allem die Enzyme (Biokatalysatoren) nur bei einem ganz bestimmten pH-Wert wirken.

Der pH-Wert des Bluts beträgt **7,4 +/- 0,2.** Abweichungen von **0,4** wirken bereits tödlich, da die Enzyme ihre Form und somit ihre biologische Aktivität verlieren.

Trotzdem ist unter normalen Umständen selbst bei einseitiger Ernährung nie damit zu rechnen, dass es zu einer Übersäuerung bzw. Alkalisierung des Bluts kommt, da das Blut mit einigen **Puffersystemen** ausgestattet ist. Diese sind in der Lage, Säure- bzw. Basenüberschuss **abzupuffern** .

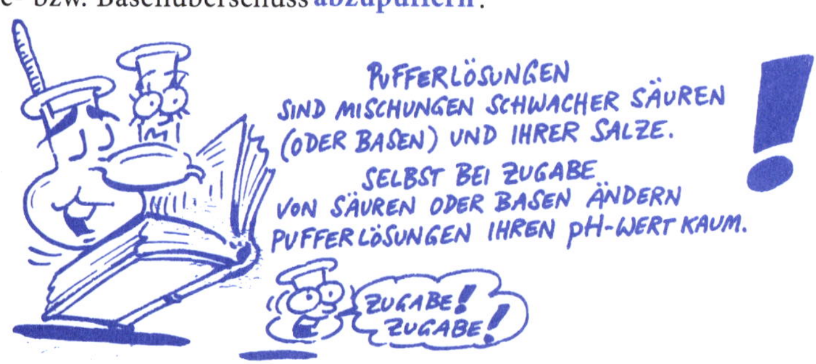

Ein Maß für diese Fähigkeit, H_3O^+ und OH^--Ionen abzupuffern, wird durch die Pufferkapazität ausgedrückt. Je länger der pH-Wert trotz Zugabe einer Säure oder Base konstant gehalten werden kann, desto größer ist seine Kapazität.

Im folgenden Beispiel wird ein Puffersystem diskutiert, das in unserem Blutsystem eine wichtige Rolle bei der Konstanthaltung des pH-Werts spielt:

Kohlensäure/Hydrogencarbonat-Puffer: H_2CO_3/HCO_3^-

Dieser Puffer enthält ein ausgewogenes Verhältnis zwischen Kohlensäure und einem ihrer Salze, zum Beispiel $NaHCO_3$. Da dieses Salz im Wasser gelöst vorliegt, lässt es sich praktischer als HCO_3^- anschreiben.

- Eine Basenzugabe wird durch die vorhandenen Säuremoleküle des Puffers abgefangen!

- Eine Säurezugabe wird durch die vorhandenen Salzionen des Puffers abgefangen! Die durch diese Reaktionen gebildete Kohlensäure trägt kaum zu einer Veränderung des pH-Werts bei. Sie ist eine sehr schwache

Säure, die kaum in der Lage ist, ihre H^+-Ionen abzuspalten. Von 100 Kohlensäuremolekülen reagiert nur eines sauer.

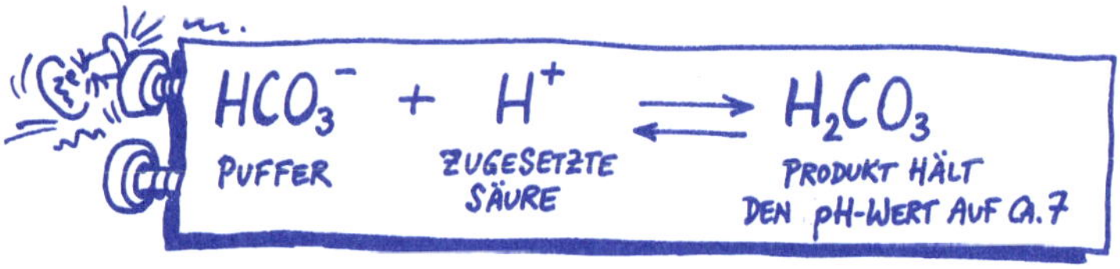

Dass es auch Basenpuffer gibt, soll dir das nächste Beispiel zeigen. Es besteht aus der schwachen Base Ammoniak (NH_3) und ihrem Salz Ammoniumchlorid (NH_4Cl). Da auch hier das Salz in Wasser aufgelöst vorliegt, schreiben wir wieder nur das reagierende NH_4^+ an.

Ammoniak/Ammonium-Puffer: NH_3/NH_4^+

- Eine Basenzugabe wird durch die vorhandenen NH_4^+-Ionen des Puffers abgefangen!

Das bei dieser Pufferung entstehende NH_3 ist nur eine schwache Base und hält den pH-Wert ca. auf 7.

- Eine Säurezugabe wird durch die vorhandenen NH_3-Moleküle des Puffers abgefangen!

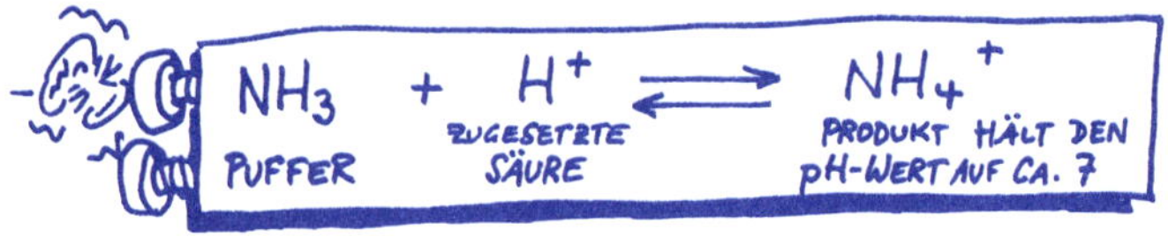

Bedeutung wichtiger Säuren und Basen im Alltag

Salzsäure

Chlorwasserstoff (HCl) ist bei Raumtemperatur eigentlich ein Gas, das sich aber ausgezeichnet in Wasser löst. In einem Liter Wasser können sich bis zu 200 Liter HCl-Gas lösen. Die wässrige Lösung nennt man Salzsäure.

Salzsäure kommt in unserem Magensaft vor und erzeugt darin einen pH-Wert von ca. 2. Als „Magensäure“ erfüllt sie dann zwei Funktionen:

- Abtötung von Bakterien, die auf den Lebensmitteln haften
- Denaturierung (Ausflockung) von Eiweiß. Durch dieses Ausflocken kann das Eiweiß leichter verdaut werden, da die Verdauungsenzyme die langen Eiweißmoleküle nun leichter angreifen können.

So nützlich unsere Magensäure ist, sie kann auch für eine sehr unangenehme Reaktion in unserem Körper verantwortlich sein:

Sodbrennen ist ein Übertreten der Magensäure in die Speiseröhre. Abhilfe schaffen oft nur noch Medikamente. Sie enthalten unter anderem $NaHCO_3$, das die Magensäure zu neutralisieren vermag. Die gebildete Kohlensäure zerfällt übrigens sofort in CO_2-Gas und Wasser.

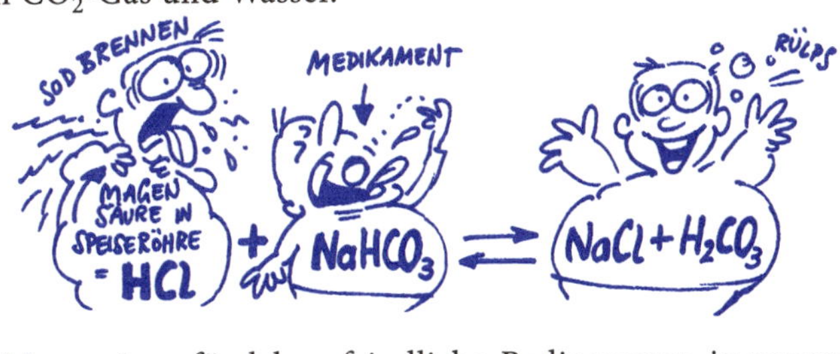

Obwohl die Magensäure für lebensfeindliche Bedingungen in unserem Magen sorgt, hat es doch ein Bakterium geschafft, hierin zu überleben. Dieses Bakterium, namens Helicobacter pylori, ist unter anderem für die unangenehme **Gastritis** (Magenentzündung) verantwortlich. Zirka 10% unserer Bevölkerung tragen das Bakterium in sich. Ob es dann zur Ausbildung einer Gastritis kommt, entscheiden Faktoren wie Stress, Alkohol etc. Dieses Bakterium schafft es als einziges, im Magen zu überleben, da es die Magensäure mithilfe von selbst erzeugtem Ammoniak zu neutralisieren vermag.

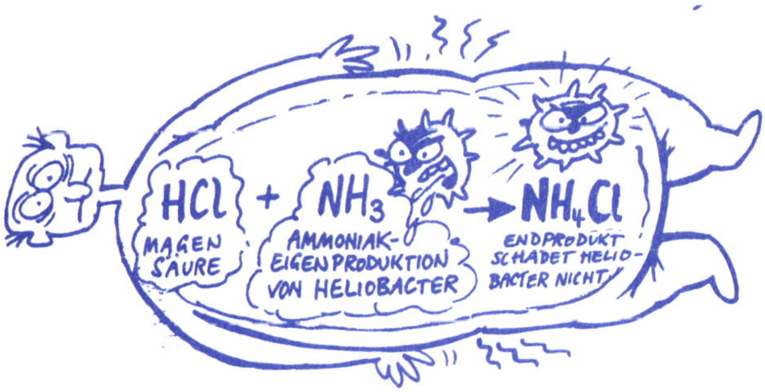

Phosphorsäure

Phosphorsäure (H_3PO_4) lässt sich relativ leicht durch Verbrennung von weißem Phosphor und anschließender Auflösung in Wasser herstellen.

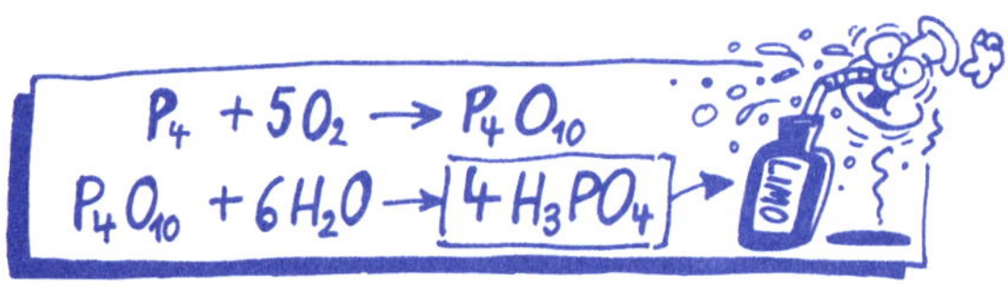

Stark verdünnt findet die Phosphorsäure als Säuerungsmittel in der Lebensmittelindustrie Verwendung. Besonders Limonaden sind mit Phosphorsäure versetzt, um den hohen Zuckergehalt zu überdecken. Bei aufputschenden Getränken dient sie auch dazu, die Aufnahme von Koffein ins Blut zu beschleunigen.

Kohlensäure

Kohlensäure (H_2CO_3) ist eine sehr schwache Säure. Von ca. 100 Molekülen gibt wie bereits erwähnt nur ein einziges Molekül sein H^+ an Wasser ab. Die Herstellung erfolgt durch einfaches Lösen des Gases Kohlendioxid in Wasser. Kohlensäure findest du oft in Getränken, sie verleiht diesen einen erfrischenden Geschmack. Erzeugt man die Kohlensäure in normalem Leitungswasser, spricht man von **Sodawasser**.

Temperatur und Druck beeinflussen hier stark das Gleichgewicht. Da die Hinreaktion exotherm ist, sollte die gebildete Wärme durch eine kühle Umgebung abgeführt werden. Weil die flüssige Kohlensäure ein geringeres Volumen in Anspruch nimmt als das gasförmige Kohlendioxid, hilft ein hoher Druck, das Gleichgewicht auf die rechte Seite zu verschieben.

Umgekehrt lässt eine hohe Temperatur und ein geringer Druck die flüssige Kohlensäure sofort in ihre Ausgangsstoffe zerfallen. Das sich bildende CO_2 bemerkst du zum Beispiel beim Öffnen einer Mineralwasserflasche.

Blausäure

Blausäure ist die wässrige Lösung von Cyanwasserstoff (HCN). HCN ist eine äußerst giftige Flüssigkeit mit einem Siedepunkt von 26°C.

In der Natur wird sie gerne als chemischer Abwehrstoff verwendet. So nutzen zum Beispiel Hundertfüßler und Tausendfüßler die Blausäure als Abwehrsekret. Im Inneren von Steinobstkernen und Bittermandeln dient die Blausäure als sogenannter Fraßschutz, da sie sehr bitter schmeckt und vom weiteren Verzehr der Kerne abhalten soll.

Und gerade weil die Blausäure so giftig ist, findet sie als Begasungsmittel zur Bekämpfung von Vorratsschädlingen in Mühlen, Schiffen und Speichern Verwendung. Unrühmliche Bekanntheit erlangte die Blausäure im Zweiten Weltkrieg. Unter dem Decknamen Zyklon B wurde sie zur Massentötung von Juden verwendet.

Die tödliche Dosis liegt beim Menschen bei ca. 1 mg/kg Körpergewicht. Für einen 70 kg Menschen sind das ca. 70 mg oder als Gas eingeatmet ca. 5 Atemzüge. Die tödliche Wirkung beruht auf der Blockierung des dreiwertigen Eisens von Hämoglobin, wodurch kein Sauerstoff mehr auf die Gewebe übertragen werden kann und eine rasche innere Erstickung eintritt.

Natronlauge

Natronlauge (NaOH) ist eine sehr starke Base und vermag organische Stoffe wie zum Beispiel Haare zu zersetzen. Aus diesem Grund findest du sie in Abflussreinigern oder anderen Reinigungsmitteln.

Stark verdünnt kann die Natronlauge auch für eine geschmackliche Verbesserung sorgen. So wird zum Beispiel Laugengebäck kurz vor dem Backen in 3%-ige NaOH-Lösung getaucht. Diese Behandlung verleiht dem Gebäck seinen typischen Geschmack.

- **Säuren** wirken erst sauer, wenn sie ihre H^+-Ionen an Wasser abgeben können. Dabei entstehen immer H_3O^+-Ionen, die für den sauren Charakter einer Lösung verantwortlich sind.
- **Basen** wirken erst alkalisch, wenn sie H^+-Ionen von Wasser aufnehmen können. Dabei entstehen immer OH^--Ionen, die für den alkalischen Charakter einer Lösung verantwortlich sind.
- Eine Säure wird als stark bezeichnet, wenn sie ihr H^+-Ion an das Wasser leicht abgeben kann.
- Als Maß für die Höhe der H_3O^+-Ionenkonzentration dient der pH-Wert. Ein pH-Wert von 7 steht für eine neutrale Lösung, kleiner 7 bis 0 bedeutet sauer und größer 7 bis 14 bezeichnet eine alkalische Lösung.
- Die Bestimmung des **pH-Werts** erfolgt entweder mittels pH-Meter oder Indikatoren, die durch eine bestimmte Farbe auf einen bestimmten pH-Wert schließen lassen.
- **Neutralisation** nennt man die Reaktion zwischen Säure und Base in jenem Mengenverhältnis, so dass ausschließlich Salz und Wasser entstehen.
- Ein **Puffersystem** ist in der Lage, trotz Zugabe einer Säure oder Base den pH-Wert relativ konstant zu halten. Puffersysteme sind für jeden Organismus überlebensnotwendig.

Kapitel 10

VOLTA UND SEINE SÄULE

Volta und seine Säule

Wir schreiben das Jahr 1801. Alessandro Volta, ein begüteter italienischer Wissenschaftler, folgt einer Einladung Napoleon Bonapartes. Volta demonstriert seine Erfindung vor jenen napoleonischen Wissenschaftlern, wie Coulomb und Laplace, die ihm sehr skeptisch gegenüberstehen. Für seine Erfindung wurde Volta 1810 von Napoleon geadelt und konnte sich von da an Graf nennen!

Die Spannung war nicht mehr zu überbieten, als Volta Kupfer- und Zinkplatten übereinanderstapelte, zwischen die er jeweils eine mit Schwefelsäure getränkte Filzscheibe legte. An den Enden seiner Säule befestigte er zwei Drähte und führte sie langsam zusammen, bis sie zueinander Kontakt hatten. Aus dem Nichts waren plötzlich ein zischendes Geräusch und ein beeindruckender Funke wahrzunehmen. Diesen Effekt kannten natürlich die napoleonischen Wissenschaftler von der Reibungselektrizität schon, nur konnte Volta seinen Versuch beliebig wiederholen, ohne die Platten immer wieder aufladen zu müssen. Napoleon war von dieser Vorstellung so beeindruckt, dass er Volta eine Goldmedaille verlieh und ihn mit 2000 Ecus belohnte. Damit war klar, dass sich Napoleon viel von Voltas Säule versprach, vor allem für seine Kriegspläne.

Die Voltasche Säule kann zu Recht als eine der bedeutendsten Erfindungen in den letzten 200 Jahren bezeichnet werden, da sie als erste brauchbare Stromquelle die Erforschung der Elektrizität ermöglichte. Somit bereitete die Voltasche Säule den Weg für die Elektrotechnik sowie die Elektronik. Sie kann demnach als erste Batterie der Neuzeit bezeichnet werden. Mit der Voltaschen Säule entwickelte Humphry Davy 1807 die Elektrolyse und damit die erstmalige Herstellung vieler unedler Metalle wie Natrium, Kalium, Barium, Strontium, Calcium und Magnesium. Und nicht zuletzt konnten durch die Voltasche Säule die ersten Versuche zur Nachrichtenübermittlung durch die elektrische Telegrafie durchgeführt werden.

Könnten wir uns heute ein Leben ohne Voltas Säulen, die wir Batterien nennen, überhaupt noch vorstellen? Keine SMS mehr an seine besten Freunde schicken können, keine Musik über MP3-Player hören, kein Notebook mehr, um unterwegs mit dem Computer zu arbeiten, keine Telefonate mit Handys, um den Lieben daheim wichtige Nachrichten zukommen zu lassen. Keine Digitalkamera mehr, um bedeutende Momente festzuhalten, und keine Armbanduhren, die das Verrinnen der Zeit feststellen. Ohne diese kleinen tragbaren Stromquellen wäre es nicht das 21. Jahrhundert. Und es wäre unverzeihbar, wenn sich Destillato & Co. mit diesem so bedeutenden Phänomen der Stromgewinnung nicht beschäftigen würden.

Oxidation und Reduktion

Die entscheidenden Reaktionen in Voltas Säule bezeichnen wir heute mit den Begriffen Oxidation und Reduktion. Unter **Oxidation** (von griech. oxygenium, Sauerstoff) verstand man ursprünglich eine chemische Reaktion, bei der Sauerstoff als Reaktionspartner diente. Von einer **Reduktion** (von lat. reducere, in den elementaren Zustand zurückführen) sprach man, wenn aus einem Metalloxid das Metall zurückgewonnen wurde.

Heute gelten diese Definitionen noch immer, allerdings hat man sie auch für Reaktionen ohne Sauerstoffbeteiligung erweitert:

Da ein Stoff nur dann Elektronen abgeben kann, wenn diese von anderen Teilchen aufgenommen werden, ist eine Oxidation immer mit einer Reduktion gekoppelt und umgekehrt. Beide Vorgänge laufen also stets gleichzeitig ab. Reaktionen, bei denen solche Elektronenübergänge stattfinden, werden als **Red**uktions-**Oxi**dations-Reaktionen oder kurz **Redoxreaktionen** bezeichnet. Triebkraft für diese Elektronenübertragung ist wie immer eine erhöhte Stabilität.

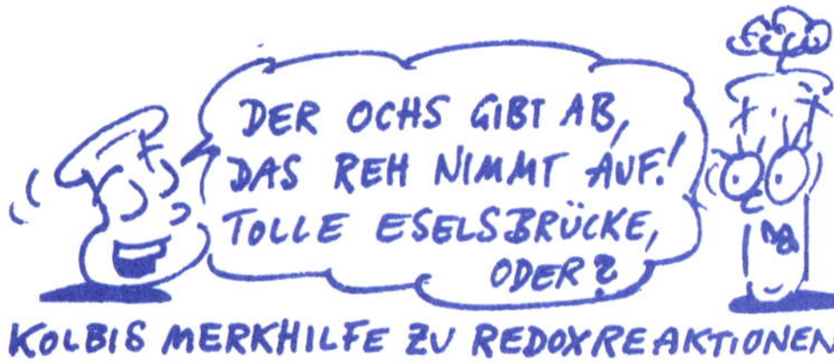

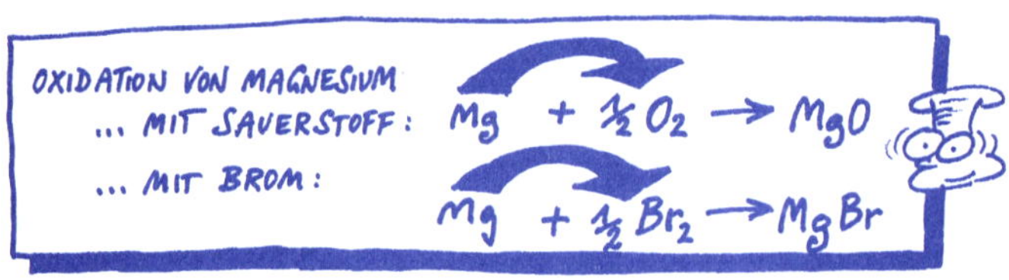

Für die Oxidation von Stoffen bedarf es eines **Oxidationsmittels**, das Elektronen aufnehmen kann. Starke Oxidationsmittel müssen somit eine hohe Elektronegativität besitzen. Und hierzu zählen vor allem die Halogene sowie der Sauerstoff. In der Natur ist Luftsauerstoff (O_2) das Oxidationsmittel von Verbrennungsvorgängen sowie der Zellatmung.

Ein **Reduktionsmittel** reduziert Stoffe, indem es Elektronen zur Verfügung stellt. Starke Reduktionsmittel besitzen eine geringe Elektronegativität wie zum Beispiel Wasserstoffgas (H_2), Alkali- und Erdalkalimetalle.

Bei Redoxreaktionen werden also Elektronen von Molekülen oder Ionen auf andere Moleküle oder Ionen übertragen. Hilfreich für die Vorhersage des Ablaufs einer Elektronenübertragung ist unter anderem die Elektronegativität. Fluor ist bekanntlich das elektronegativste Element im Periodensystem. Kein anderes Element wird es schaffen, einem Fluoratom Elektronen „wegzunehmen".

Aktivitätsreihereihe edler und unedler Metalle

Aber auch Metalle haben unterschiedlich starke Affinitäten zu Elektronen. Taucht man einen Metallstab in eine seiner Salzlösungen, so gehen interessanterweise Metallatome als Ionen in Lösung und Elektronen bleiben im Metallstab zurück. Es hängt von der Art des Metalls ab, wie viele Ionen in Lösung gehen. Vereinfacht kann man sich das so vorstellen:

Durch die abgelösten Ionen reichert sich die Lösung nun mit positiven Ionen an, während der Metallstab durch die zurückbleibenden Elektronen, sie erzeugen einen sogenannten „Elektronendruck", negativ geladen wird. Die Metallatome gehen nun so lange in Lösung, bis die im Metallstab zurückbleibende Elektronenmenge weitere Metallatome daran hindert. Positive und negative Ladungen ziehen sich bekanntlich an. Je nach Metallsorte geschieht dies früher oder später. In allen Fällen kommt es also zu einer Ladungstrennung – auch **Potenzial** genannt.

Das Potenzial einer solchen Versuchsanordnung lässt sich nicht direkt messen. Wohl kann man aber Potenziale unterschiedlicher Metalle miteinander vergleichen. Die Unterschiede in den Potenzialen verschiedener Metalle (Potenzialdifferenzen) entsprechen messbaren elektrischen Spannungen.

Taucht man nun zum Beispiel einen Zinkstab in eine Kupferlösung, so kann Kupfer aufgrund seiner höheren Elektronenaffinität Elektronen vom Zinkstab aufnehmen. Die Kupferionen werden dadurch metallisch und scheiden sich am Zinkstab ab. Um den Elektronenverlust im Zinkstab wieder wettzumachen, geht weiteres Zink in Lösung.

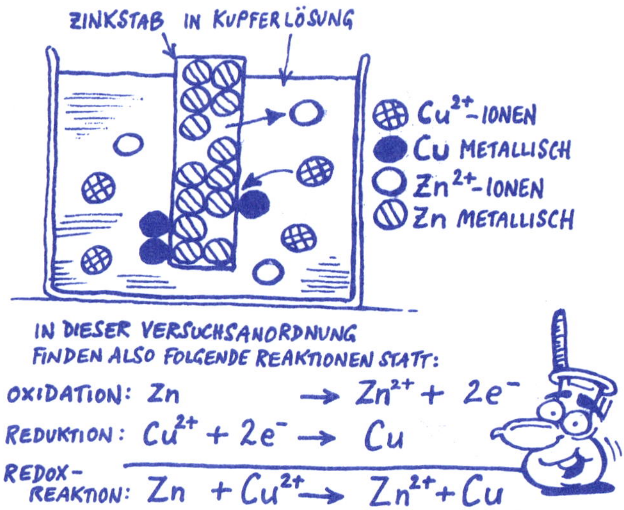

Interessanterweise passiert nichts, wenn man die Versuchsanordnung umdreht. Taucht man also einen Kupferstab in eine Zinklösung, wird sich kein Zink auf dem Kupferstab abscheiden. Die Zinkonen sind einfach zu schwach, um dem Cu-Stab seine Elektronen zu entreißen.

Taucht der Kupferstab jedoch in eine Silberlösung, so löst sich das Kupfer auf und das Silber scheidet sich ab. Silber hat somit eine größere Elektronenaffinität als Kupfer.

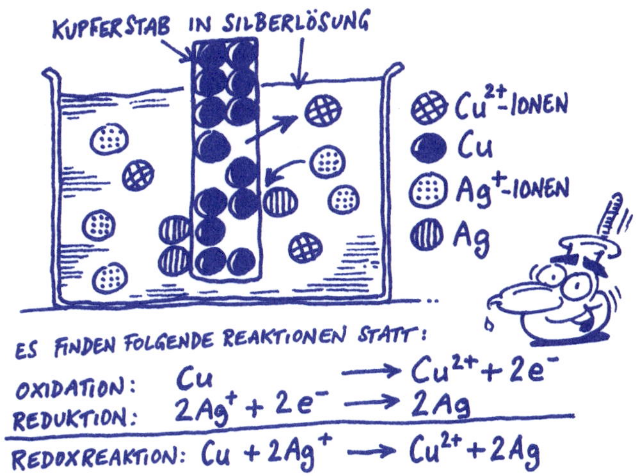

Durch diese Experimente lässt sich zeigen, dass Metalle unterschiedliche Stärken aufweisen, was ihre oxidierende bzw. reduzierende Wirkung betrifft. Dieses unterschiedliche Verhalten beschreibt man mit dem Begriff **edel** und **unedel**.

Unedle Metalle geben ihre Elektronen leicht ab, werden also leicht oxidiert. In der Natur liegen sie meist in Form ihrer Oxide, Sulfide oder Chloride vor. Als Beispiel kennst du vielleicht Eisenoxid (Fe_2O_3), Kupferoxid (CuO), Zinksulfid (ZnS).

Edle Metalle geben ihre Elektronen schwer ab, werden also selten oxidiert und liegen in der Natur meist metallisch oder in der Sprache der Mineralogen „gediegen" vor.

Um den edlen bzw. unedlen Charakter eines Metalls bestimmen zu können, entwickelte man eine sogenannte **Aktivitätsreihe**.

Hierfür untersuchte man das Reaktionsverhalten eines Metalls in einer anderen Metallsalzlösung. Das edlere Metall scheidet sich immer aus der Lösung ab, während das unedlere Metall positive Ionen (Kationen) bildet und in Lösung geht.

Die Aktivitätsreihe ordnet somit die Metalle nach ihrer oxidierenden oder reduzierenden Wirkung. Die unedelsten Metalle stehen in dieser Reihe links und die edelsten werden rechts angeschrieben.

Redoxpotenziale

Die bisher besprochenen Elektronenübertragungen laufen alle freiwillig ab, da sie mit einem energetisch günstigeren, also stabileren Zustand verbunden sind. Die dabei frei werdende Energie wird meist in Form von Wärme frei. Diese chemische Energie lässt sich aber auch in elektrische Energie umwandeln. Und dies ist Volta eben durch seine Säule gelungen, indem er Reduktion und Oxidation örtlich trennte.

Solch eine Anordnung nennt man heute **galvanisches Element**. Diese Namensgebung erfolgte zu Ehren Luigi Galvanis, der zur selben Zeit wie Volta Experimente mit Elektrizität durchführte. Überraschend ist die Bezeichnung vor allem deshalb, weil Volta und Galvani erbitterte Gegner waren. Es scheint so, als wollte die Physikwelt Volta damit ärgern. Wie dem auch sei, das galvanische Element ist eine Versuchsanordnung, in der man zwei unterschiedliche Metalle in die ebenbürtige Metalllösung taucht und leitend miteinander verbindet. Eine solche Anordnung ist im Grunde auch die Voltasche Säule.

Übersichtlicher sind allerdings galvanische Elemente in becherartiger Ausführung, wie das folgende Element, das nach seinem Erfinder John Frederic Daniell als **Daniell-Element** bezeichnet wird. Ein Kupferstab wird in eine Kupferlösung und ein Zinkstab in eine Zinklösung getaucht. Die beiden Lösungen werden durch eine poröse Trennwand (Diaphragma) voneinander getrennt. Jede einzelne Lösung wird als Halbzelle bezeichnet.

Werden die beiden Metallstäbe, auch Elektroden genannt, mit einem Draht verbunden, so fließen Elektronen, also Strom, vom Zink zum Kupfer-Stab. Die dabei gemessene Spannung beträgt genau 1,1 Volt.

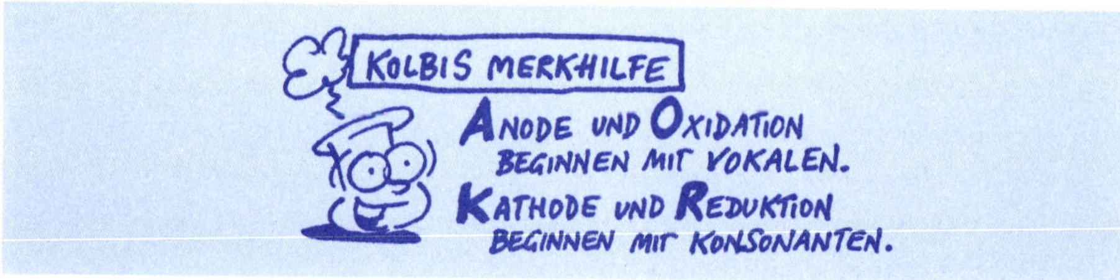

Das Zustandekommen der Spannung eines galvanischen Elements lässt sich am einfachsten durch die **Lösungstension** beschreiben. Jedes Metall besitzt die Fähigkeit, in wässriger Lösung Ionen zu bilden. Diese als Lösungstension bezeichnete Fähigkeit ist von Metall zu Metall verschieden. **Je edler ein Metall ist, desto geringer ist seine Lösungstension.**

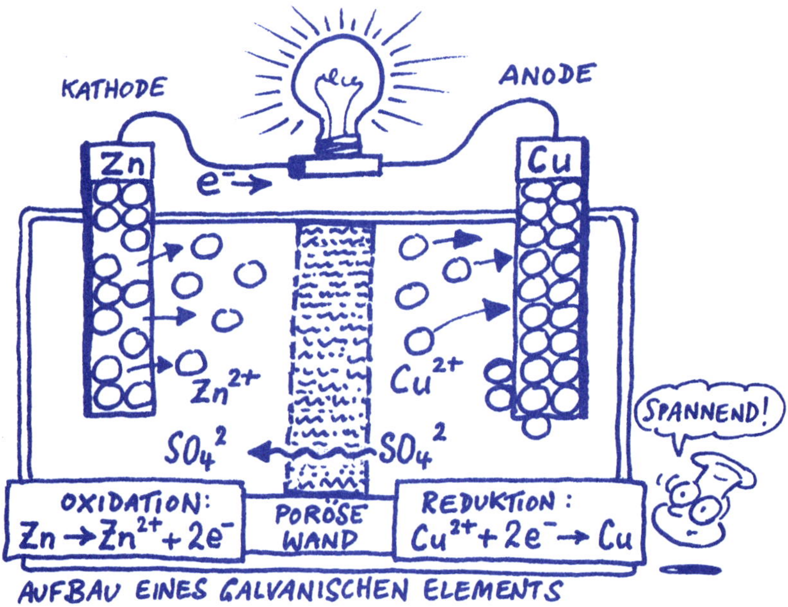

Reaktionen an der Zinkelektrode:

Einige Zinkatome der Elektrode gehen als Zn^{2+}-Ionen in Lösung und hinterlassen Elektronen auf der Zinkoberfläche.

Reaktionen an der Kupferelektrode:

Der gleiche Effekt wie beim Zink tritt auf, er ist nur viel schwächer ausgeprägt, da Kupfer edler ist. Das heißt, die Zinkelektrode ist stärker mit Elektronen aufgeladen als die Kupferelektrode. Eine leitende Verbindung beider Elektroden führt zum „Druckausgleich" der Elektronen. Sie wandern so von der unedleren Zn-Elektrode zur edleren Cu-Elektrode.

Die zwischen den beiden Elektroden herrschende **Potenzialdifferenz** kann man nun als **Spannung** messen. Sie wird auch als **elektromotorische Kraft (EMK)** bezeichnet.

Auch Volta war es gelungen, Elektronen über einen Draht von der Zinkplatte zur Kupferplatte fließen zu lassen. Er konnte damit die erste kontinuierliche Stromquelle präsentieren. Wofür benötigte er die mit Säure getränkten Filzscheiben, die zwischen den Metallplatten angebracht wurden und warum arbeitet das Daniell-Element mit einer porösen Wand?

Durch die räumliche Trennung der Reduktion und Oxidation entstehen sowohl in der Zinkhalbzelle als auch in der Kupferhalbzelle unerwünschte Nebenreaktionen, die den Stromfluss sofort unterbinden würden.

Unerwünschte Nebenreaktion in der Zinkhalbzelle:

Durch die Auflösung der Zink-Elektrode reichert sich die Lösung mit **positiven Zn^{2+}-Ionen** an, die den Fluss der Elektronen zur Cu-Elektrode verhindern würden.

Unerwünschte Nebenreaktion in der Kupferhalbzelle:

Zu Beginn der Reaktion taucht die Cu-Elektrode in eine $CuSO_4$-Lösung. Das heißt, die Lösung enthält genauso viele Cu^{2+}-Ionen wie SO_4^{2-}-Ionen. Durch die zufließenden Elektronen aus der Zn-Elektrode können sich Cu^{2+}-Ionen aus der Lösung an der Cu-Elektrode metallisch abscheiden. Dies führt aber auch dazu, dass sich die Cu^{2+}-Ionenkonzentration in der Lösung verringert und somit ein Überschuss von **negativ geladenen SO_4^{2-}- Ionen entsteht**. Diese negativen Ionen würden mit der Zeit die eintreffenden Elektronen aus der Zinkelektrode abstoßen.

Abhilfe für dieses Problem schafft eine poröse Trennwand, das sogenannte **Diaphragma**, das aufgrund seines Aufbaus nur SO_4^{2-}-Ionen durchlässt. Somit wandern die überhandnehmenden Sulfationen, angezogen von der positiv aufgeladenen Zn^{2+}-Lösung, von der Cu-Halbzelle zur Zn-Halbzelle und verhindern so jene unerwünschten Nebenreaktionen, die den Stromfluss zum Erliegen bringen würden.

Standardpotenziale der Metalle

Es liegt auf der Hand, dass ein galvanisches Element nicht nur aus Kupfer- und Zinkelektroden aufgebaut sein muss. Durch Verwendung unterschiedlicher Metalle ergibt sich eine riesige Menge an verschiedenen Kombinationsmöglichkeiten von solchen Halbzellen.

Um Ordnung und Vergleichbarkeit in die vielen möglichen Potenzialdifferenzen zu bringen, brauchte man eine Vergleichszelle. Dazu wählte man die **Standard-Wasserstoff-Elektrode** und setzte ihr Potenzial willkürlich gleich **null**.

Die Spannung, die man zwischen einer beliebigen Halbzelle und der Standard-Wasserstoff-Elektrode misst, nennt man auch das **Standardpotenzial (E^o) dieser Halbzelle**.

Die **Standard-Wasserstoff-Elektrode** besteht nun aus einer Platinelektrode, die von Wasserstoffgas umspült wird und in eine Säure der Konzentration 1 mol pro Liter taucht.

Die Reaktionen, die hier stattfinden können, lauten:

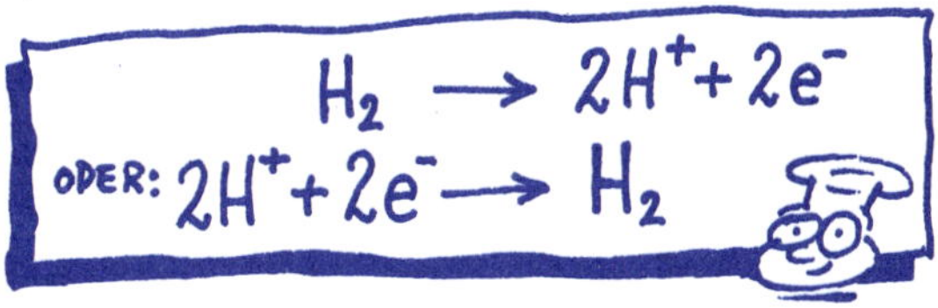

Welche dieser beiden möglichen Reaktionen ablaufen, hängt nun davon ab, ob die zweite Halbzelle edler oder unedler als der Wasserstoff ist.

Die zweite Hälfte der Zelle kann beispielsweise ein Zinkstab sein, der in eine Zinksulfatlösung taucht. Das schreibt man abgekürzt so:

$Zn/Zn^{2+} \,||\, H^+/H_2/Pt$

Wenn Zink gegen Wasserstoff gemessen wird, so ist die Elektronenaffinität der H^+-Ionen größer als die des Zinks. Während Zink also Elektronen liefert und in Lösung geht, nehmen die H^+-Ionen diese Elektronen auf und bilden H_2-Gas, das aus der Lösung austritt.

Das Potenzial oder auch die elektromotorische Kraft, die dabei gemessen wird, ist $E^0 = -0{,}76$ V. Das negative Vorzeichen steht symbolisch dafür, dass Zink unedler als Wasserstoff ist.

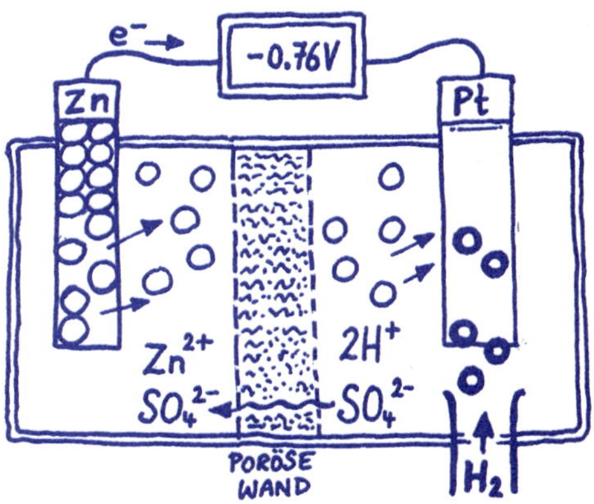

Wird Kupfer gegen Wasserstoff gemessen, so ist die Affinität der Kupferionen größer als die der H^+-Ionen. Daher gibt Wasserstoff Elektronen ab und bildet noch mehr H^+-Ionen, während Kupfer sich abscheiden kann.

Das dabei gemessene Potenzial beträgt $E^0 = + 0{,}34$ V. Das positive Vorzeichen symbolisiert, dass Kupfer edler ist als die Wasserstoffelektrode.

$Pt/H_2 \ / \ H^+ \ || \ Cu^{2+} \ / \ Cu$

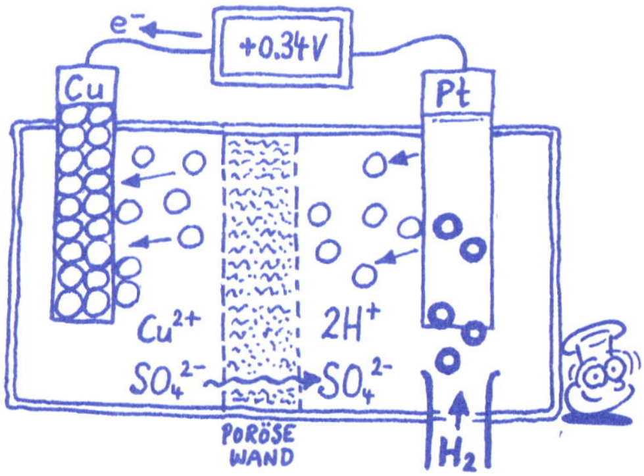

Misst man auf diese Weise alle möglichen Metalle, so erhält man eine Rangliste von der edelsten zur unedelsten Halbzelle! Diese bezeichnet man auch als **elektrochemische Spannungsreihe**.

Halbreaktion			E^0 [V]
$Li^+ + 1e^-$	⟷	Li	−3,05
$Zn^{2+} + 2e^-$	⟷	Zn	−0,76
$Fe^{2+} + 2e^-$	⟷	Fe	−0,44
$2H^+ + 2e^-$	⟷	H_2	0,00
$Cu^{2+} + 2e^-$	⟷	Cu	+0,34
$Ag^+ + 1e^-$	⟷	Ag	+0,80
$Au^{3+} + 3e^-$	⟷	Au	+1,42

Die Differenz der Elektrodenpotenziale der Cu- und der Zn-Halbzellen: +0,34 V – (-0,76 V) sind genau jene 1,1 V, die man als Spannung des Daniell-Elements experimentell findet.

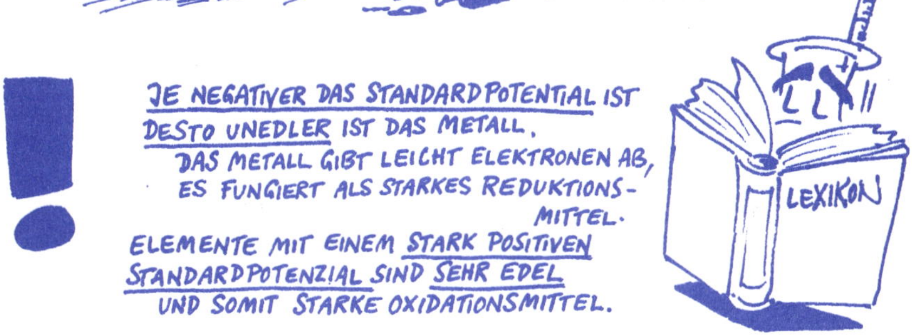

Der große Nutzen der Standardpotenziale ist nun der, dass sich basierend auf ihnen der Reaktionsablauf und die elektromotorische Kraft einer Redoxreaktion voraussagen lassen. Das Element mit dem geringeren Standardpotenzial (also das unedlere) wird immer oxidiert, das mit dem höheren Potenzial (das edlere) stets reduziert.

Elektrolyse

So wie Volta war auch der Engländer Humphry Davy ein herausragender Chemiker seiner Zeit. Sieben Jahre nach Voltas Erfindung verwendete er als einer der Ersten elektrischen Strom für chemische Experimente. Bei seinen Experimenten gelang es ihm, die elektrische Energie in chemische Energie umzuwandeln. Unter Anlegen eines Stroms war es plötzlich möglich, Reaktionen, die sonst nie in der Natur ablaufen würden, zu erzwingen. So konnte er durch Voltas Stromquelle bis dahin unbekannte Elemente wie Natrium, Kalium, Barium, Strontium, Kalzium und Magnesium herstellen.

Davys Schüler, Michael Faraday, untersuchte diese mit Strom erzwungenen Reaktionen sehr genau und entwickelte hierfür den Begriff **Elektrolyse**.

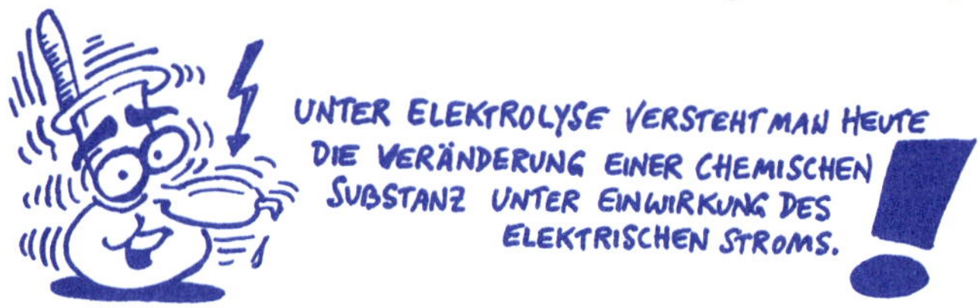

Angewendet auf unser Beispiel mit Zink und Kupfer würde dies bedeuten, dass man anstelle des Voltmeters eine Gleichstromquelle anschließt und Elektronen in die Zinkelektrode „stopft". Die Zinkionen reagieren auf dieses Überangebot an Elektronen, nehmen also e^- auf und scheiden sich als metallisches Zink ab. In der zweiten Halbzelle ist die Anziehungskraft des Plus-Pols auf die Elektronen des Cu-Stabs so groß, dass die Kupferatome Elektronen abgeben und als Ionen in Lösung gehen.

Durch das Anlegen einer Gleichstromquelle kann eben eine Reaktion erzwungen werden, die sonst in der Natur nie ablaufen würde. Heute verwendet man die Elektrolyse für die Erzeugung von metallischen Überzügen, für die Gewinnung wichtiger Metalle wie Aluminium, Kupfer, Silber und Gold. Weiters dient die Elektrolyse zur Spaltung von Wasser in Sauerstoff und Wasserstoff – eine bedeutende Reaktion, da H_2 wahrscheinlich als Energieträger der Zukunft eine wichtige Rolle spielen wird.

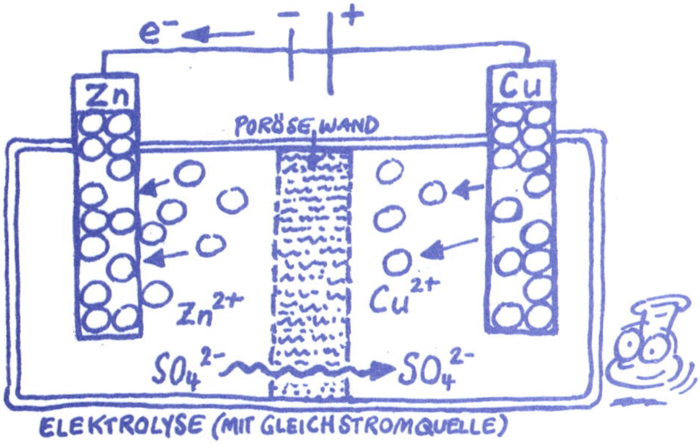

Redoxreaktionen und die Photosynthese

Redoxreaktionen finden wir aber nicht nur im Zusammenhang mit Batterien, Akkus oder Brennstoffzellen, sondern sie begleiten uns auch laufend im Alltag. Eine der wichtigsten Redoxreaktionen, die immer stattfinden, ist die **Photosynthese**!

Durch Licht wird aus Kohlendioxid und Wasser mithilfe von Chlorophyll, dem Blattgrün, Zucker und Sauerstoff aufgebaut. Die Bildung von Zucker aus Kohlendioxid und Wasser ist eine Fixierung und Nutzbarmachung des Sonnenlichts, die künstlich noch nicht nachvollziehbar ist. Man hat bis heute noch keinen künstlichen Ersatz für Chlorophyll gefunden, doch es steckt enormes Potenzial darin und es wird intensiv auf diesem Gebiet geforscht.

Die folgende Reaktionsgleichung ist die Bruttogleichung für einen komplexen mehrstufigen Prozess.

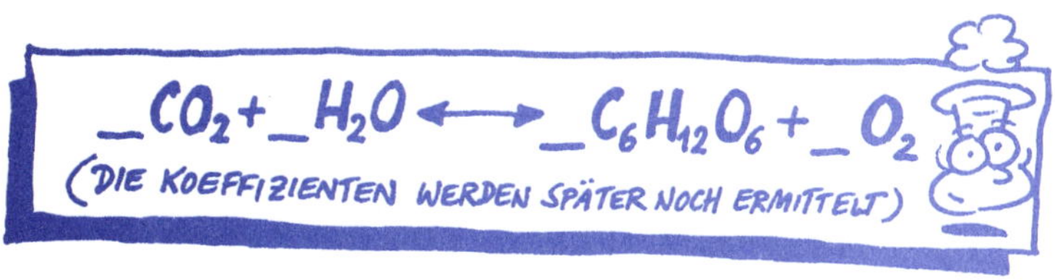

Es wird hier schon etwas schwieriger zu erkennen, wer Elektronen aufgenommen, und wer Elektronen abgegeben hat. Um dies einfacher zu ermitteln, verwendet man die **Oxidationszahlen**:

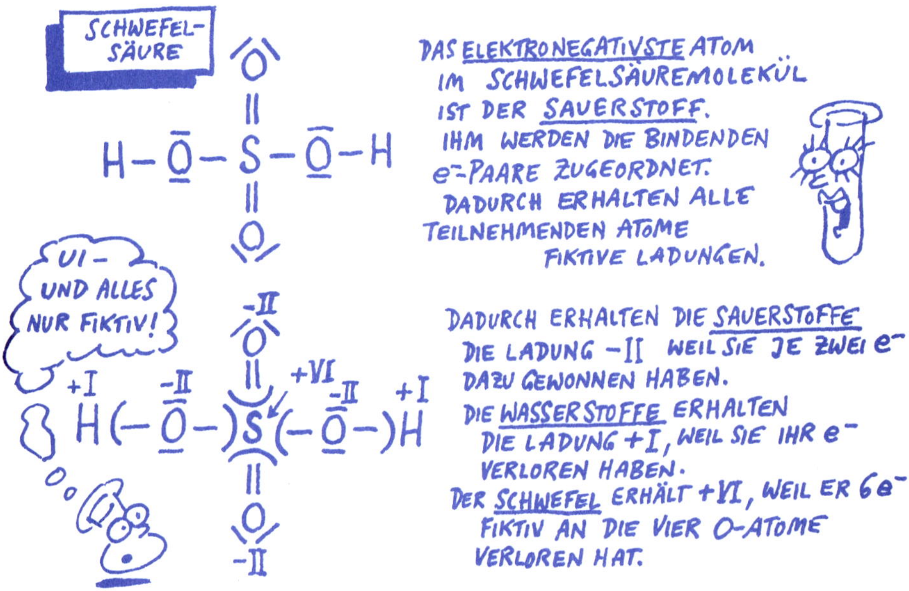

Weil es aber oft zu kompliziert ist, die Moleküle aufzuzeichnen und dann mühsam zu bestimmen, welches Atom nun welche Elektronenpaare bekommt, gibt es Regeln, die die Bestimmung erleichtern.

Regeln zur Bestimmung der Oxidationszahl:

1. Elemente haben immer die Null als Oxidationszahl (O_2, Mg, H_2, ...).
2. Metalle der ersten Hauptgruppe haben die Oxidationszahl +1, die der zweiten +2.
3. Wasserstoff hat die Oxidationszahl +1, außer in Verbindungen mit Metallen (Metallhydriden) (-1).
4. Sauerstoff hat die Oxidationszahl -2, außer in Peroxiden (-1).
5. Die Summe der Oxidationszahlen im neutralen Molekül ist null.
6. Bei einfachen Ionen entspricht die Oxidationszahl der Ladung des Ions.
7. Bei zusammengesetzten Ionen ist die Summe der Oxidationszahlen gleich der Ladung des Ions.
8. Halogene haben meist die Oxidationszahl -1, außer in Verbindungen mit Sauerstoff.

Die Oxidationszahlen werden in römischen Zahlen angeschrieben, um sie nicht mit echten Ladungen zu verwechseln. Man schreibt sie immer nur für ein Atom an, berücksichtigt aber bei der Summe, dass die Atome mehrfach vorkommen können.

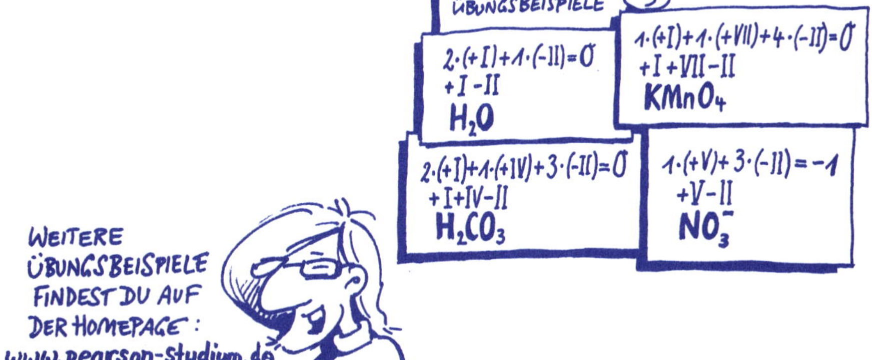

Wenden wir die Oxidationszahlen nun auf die Photosynthese an, lautet dies dann folgendermaßen:

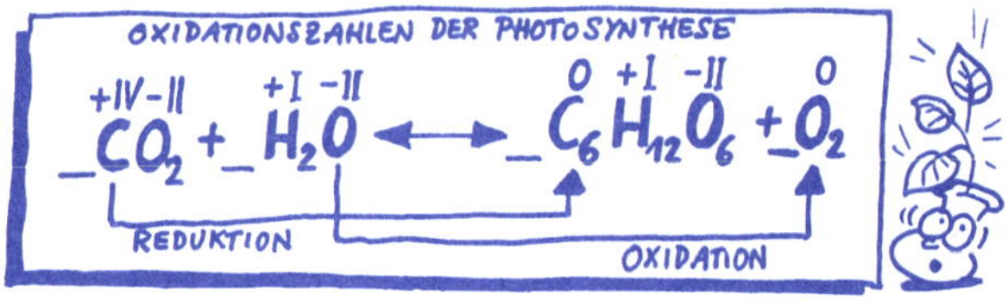

Demnach sinkt beim C-Atom die Oxidationszahl von +IV (beim CO_2-Molekül) auf 0 (bei $C_6H_{12}O_6$). Eine Abnahme der Oxidationszahl kommt durch Aufnahme negativer Elektronen zustande. Die Reaktion kann daher als Reduktion bezeichnet werden. Nimmt die Oxidationszahl wie beim Sauerstoff von -II (H_2O) auf 0 (O_2) zu, wurden also negative Elektronen abgegeben, handelt es sich um eine Oxidation.

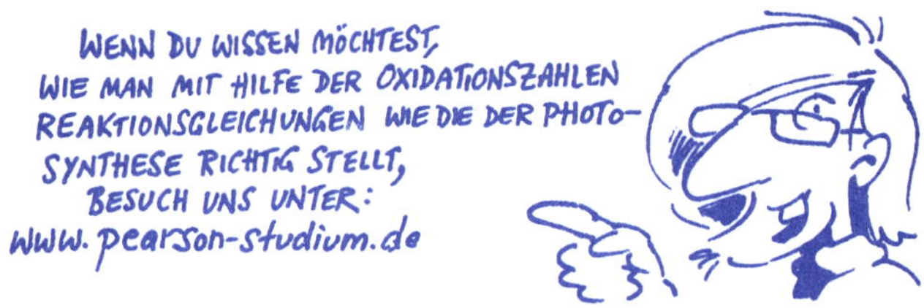

Bei Redoxreaktionen werden Elektronen übertragen. Laufen diese Reaktionen freiwillig ab, so lässt sich die Energie in Form von Wärme oder elektrischer Energie nutzen. Man kann aber auch Reaktionen mit Energie erzwingen – nimmt man dazu Strom, handelt es sich um eine Elektrolyse.

Bei komplizierten Redoxreaktionen helfen fiktive Ladungen, die sogenannten Oxidationszahlen, bei der Feststellung, wer oxidiert bzw. reduziert wurde. Eine Oxidation erkennst du anhand einer Zunahme der Oxidationszahl. Eine Reduktion drückt sich durch eine Abnahme der Oxidationszahl aus.

Kapitel 11

EIN STOSSGEBET FÜR DEN KOHLENSTOFF

Ausblick in die organische Chemie

Ein Stoßgebet für den Kohlenstoff

Es ist schon ein Wunder, wie bezaubernd und vielfältig die Natur sein kann. Blütenfarben in den unterschiedlichsten Variationen, tausende Gerüche, die unser Wohlbefinden steigern können, Aromen, die uns das Wasser im Munde zusammenfließen lassen, Alkaloide, die in geringsten Konzentrationen heilend wirken, Nukleinsäuren, die lebendige Strukturen aufbauen.

Wusstest du, dass wir viele dieser Eigenschaften, die wir so schätzen, im Prinzip einem einzigen Element verdanken? Wusstest du, dass dieses Element es als einziges schafft, Millionen von unterschiedlichen Verbindungen aufzubauen? Wusstest du, dass wir täglich neue Verbindungen von diesem Element entdecken bzw. herstellen können? Wusstest du, dass es zu diesem Element eine eigene chemische Disziplin, die sogenannte "organische Chemie", gibt? Wusstest du, dass dieses Element **Kohlenstoff** heißt?

Aber warum hat dieser Kohlenstoff so eine Sonderstellung in unserer Natur? Was macht dieses Element, mit 12 Protonen und 12 Neutronen im Kern und 12 Elektronen in der Hülle, so einzigartig. Welche seiner Eigenschaften ist dafür verantwortlich oder hat hier gar der Zufall entschieden?

Unabhängig davon, was dafür verantwortlich ist, auf jeden Fall verdient das Element Kohlenstoff ein „Stoßgebet gen Himmel", da es zu Recht als das Element der Vielfalt und des Lebens bezeichnet werden kann.

Organische oder anorganische Chemie?

Die Zuordnung von Stoffen zur organischen oder anorganischen Chemie wird von vielen oft falsch verstanden. Da der Begriff „organisch" im Alltag stets mit der belebten Natur in Zusammenhang gebracht wird, verleitet dies häufig zu der Annahme, die organische Chemie beschäftige sich mit Stoffen, die von Lebewesen hervorgebracht werden, und die anorganische Chemie mit jenen aus toter Materie. Diese Zuordnung trifft zwar für viele Stoffe zu, ist grundsätzlich jedoch falsch. Zu den organischen Stoffen zählt man heute all jene Verbindungen, die aus Kohlenstoff aufgebaut sind!

Die einzigen Verbindungen, die Kohlenstoff enthalten und trotzdem nicht zur organischen Chemie gezählt werden, sind Kohlenmonoxid (CO), Kohlendioxid (CO_2), Kohlensäure (H_2CO_3), die Carbonate und die drei Modifikationen des Kohlenstoffs Graphit, Diamant und die Fullerene.

Vielfalt organischer Verbindungen

Heute kennt man in der organischen Chemie ca. 17 Millionen Kohlenstoffverbindungen und täglich werden es mehr. Obwohl die anorganische Chemie das Stoffgebiet aller übrigen Elemente (ca. 100) ist, kennt man heute von diesen Elementen nur ca. 500.000 verschiedene Verbindungen.

Wie schafft es also der Kohlenstoff, sich von allen anderen Elementen so abzuheben und eine derart große Vielfalt von Verbindungen aufzubauen?

Im Prinzip gibt es drei Gründe, warum der Kohlenstoff so eine Sonderstellung einnimmt.

- Ein Kohlenstoffatom bildet **stets vier** Atombindungen aus.
  Und diese vier Bindungen können sich nun in drei verschiedenen Varianten anordnen:

  Einfachbindung

  Zweifachbindung (Doppelbindung)

  Dreifachbindung

Aus der Anzahl der Bindungen und der Bindungsvarianten ergeben sich somit **vier verschiedene Bindungsmöglichkeiten**, in denen der Kohlenstoff in all seinen Verbindungen vorkommen kann:

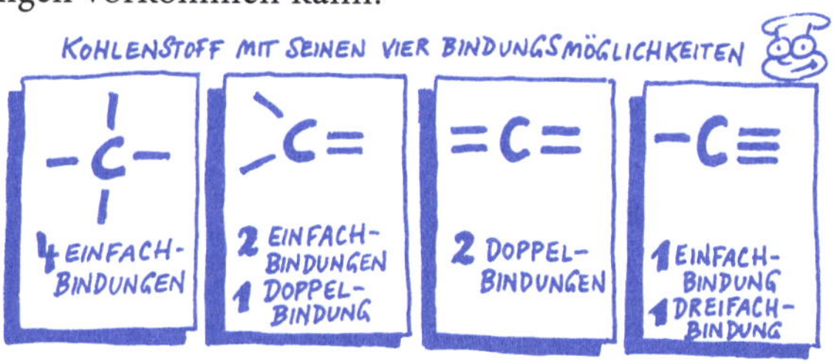

Somit ergeben sich für den Kohlenstoff folgende Bindungspartner:

Für Einfachbindungen kommt vor allem der Wasserstoff (H) in Frage.
Für Doppelbindungen eignen sich der Sauerstoff (O) und der Schwefel (S).
Für Dreifachbindungen wäre der Stickstoff (N) geeignet.

Vielleicht fragst du dich nun, warum hier keine Vierfachbindung vorkommt. Wir haben sie nicht vergessen, sondern es gibt sie nicht. Es ist zwar möglich, dass wie eben bei der Dreifachbindung drei Bindungen zu einem einzigen Partner gerichtet sind, aber die vierte ist stets in die entgegengesetzte Richtung orientiert. Bei einer Vierfachbindung müsste das vierte Bindungselektron durch den Atomkern wirken und das ist einfach unmöglich.

- Der zweite Grund für die Vielfalt organischer Verbindungen ist der, dass die Kohlenstoffatome miteinander sehr lange Ketten und Ringe bilden können. Die Länge der Ketten scheint keine Grenzen zu kennen und so erklärt sich die Tatsache, dass täglich neue Verbindungen entwickelt bzw. entdeckt werden können.

- Als wären die ersten beiden Gründe noch nicht genug, hat die Natur noch eine Draufgabe parat. Fast alle Elemente können in diese C-Ketten und C-Ringe über Atombindungen oder Komplexbindungen eingebaut werden. Die häufigsten Elemente sind H, O, N, S und P. Aber auch Metalle können in organischen Verbindungen eingelagert werden. So bildet zum Beispiel Eisen das Zentralatom im roten Blutfarbstoff Hämoglobin, Magnesium ist im grünen Pflanzenfarbstoff Chlorophyll enthalten und Kobalt ist im Vitamin B_{12} eingebaut.

Alkane, die einfachste organische Stoffklasse

Alkane sind von der Struktur her die einfachsten organischen Verbindungen. Sie sind nur aus Kohlenstoff und Wasserstoff aufgebaut, und nur durch Einfachbindungen verbunden. Aus diesem Grund bezeichnet man die Alkane auch als **Kohlenwasserstoffe**.

Die Namensgebung für die einzelnen Alkane erfolgt nach internationalen Regeln, die es ermöglichen, aus dem Molekülnamen die Molekülstruktur herzuleiten. Das Wissen um die Molekülstruktur erlaubt wiederum Aussagen über viele Eigenschaften und Reaktionsverhalten dieser Verbindungen!

Wie bei allen organischen Verbindungen werden auch bei den Alkanen die Bindungspartner durch Atombindung, also bindende Elektronenpaare, zusammengehalten. Da sich die vier Einfachbindungen aber abstoßen und dadurch den größtmöglichen Abstand einnehmen, liegt in den Alkanen stets eine **tetraedrische Struktur** vor.

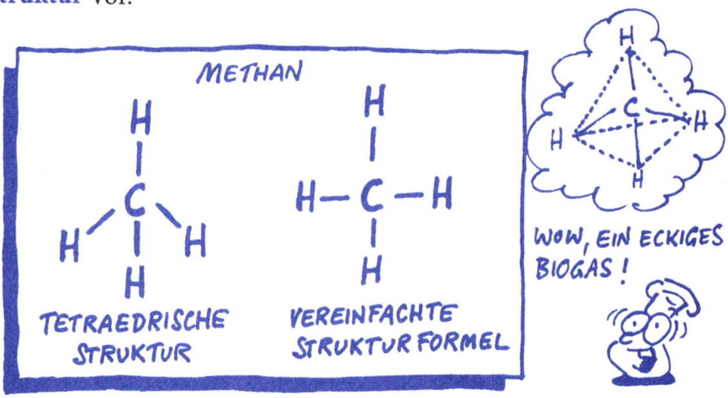

Homologe Reihe der Alkane

Bei einer homologen Reihe handelt es sich um eine tabellarische Auflistung von Verbindungen, die nach aufsteigender C-Anzahl gereiht werden.

Einfache Alkane enthalten ein bis vier C-Atome und werden mit einem **Trivialnamen** und der Endung **–an** bezeichnet. Trivial bedeutet in diesem Zusammenhang, dass vom Namen nicht auf die Struktur zu schließen ist.

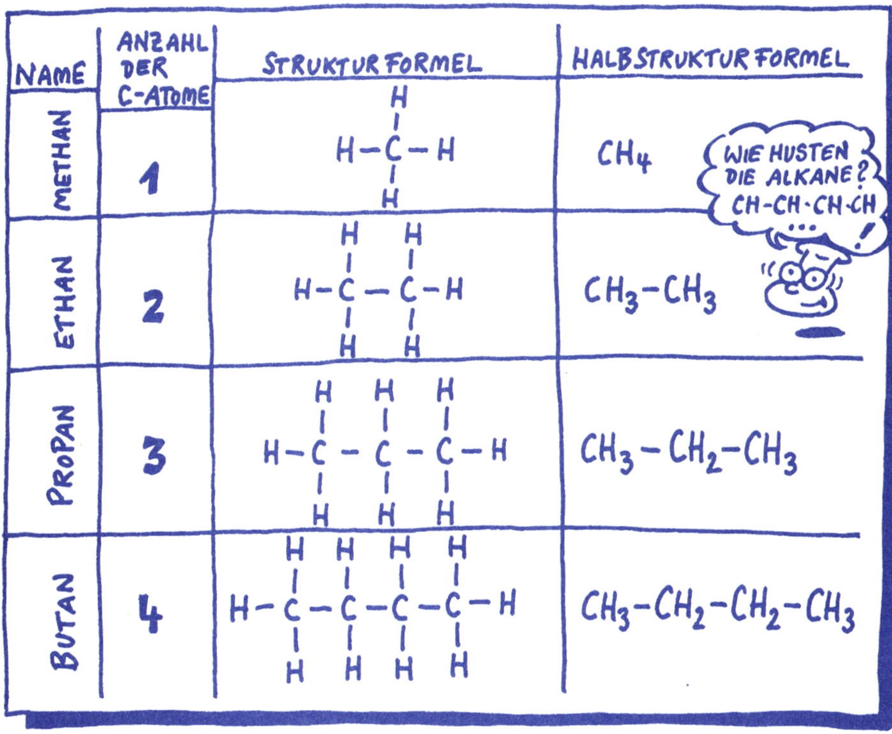

Höhere Alkane enthalten mehr als vier C-Atome in der Kette und werden mit einem **griechischen Zahlenwert** (die Zahl steht für die Anzahl der C-Atome) und der Endung **-an** bezeichnet. Beherrschst du also das griechische Zahlensystem, ist es ganz einfach, aus dem Namen der Verbindung die Struktur herzuleiten.

Um lange Molekülketten darzustellen, verwenden wir die **Gerüstformel**. Hier verzichtet man zwar auf die Elementsymbole, dafür wird aufgrund der exakten Bindungswinkel die räumliche Ausdehnung des Moleküls sehr gut wiedergegeben. Die C-Kette wird als Zickzacklinie gezeichnet, wobei jeder Eck- und Endpunkt der Zickzacklinie für ein C-Atom steht. Die Linien symbolisieren die Einfachbindungen und die restlichen Bindungen (immer auf 4 ergänzend) führen zu H-Atomen, die jedoch in der Gerüstformel nicht dargestellt werden.

NAME	ANZAHL DER C-ATOME	HALBSTRUKTURFORMEL	GERÜSTFORMEL
PENTAN	5	$CH_3-(CH_2)_3-CH_3$	
HEXAN	6	$CH_3-(CH_2)_4-CH_3$	
HEPTAN	7	$CH_3-(CH_2)_5-CH_3$	
OCTAN	8	$CH_3-(CH_2)_6-CH_3$	
NONAN	9	$CH_3-(CH_2)_7-CH_3$	
DECAN	10	$CH_3-(CH_2)_8-CH_3$	

Derivate von Kohlenwasserstoffen

Vielfalt bekommt die organische Chemie nun daher, dass die H-Atome von Kohlenwasserstoffketten auch durch andere Elemente, wie Sauerstoff (O), Stickstoff (N), Schwefel (S), Phosphor (P) und den Halogenen ersetzt werden können. Durch den Einbau dieser Elemente entstehen völlig neue Stoffklassen mit völlig anderen Eigenschaften. Diese Abkömmlinge der Kohlenwasserstoffe werden oft auch als Derivate bezeichnet. Das Phänomenale an diesen Derivaten ist, dass winzige Änderungen im Molekül oft gravierende Auswirkungen in den Eigenschaften und im Reaktionsverhalten zur Folge haben. Nehmen wir als Beispiel Ethan als Ausgangs-Kohlenwasserstoff und konstruieren wir daraus verschiedene Derivate.

Halogenalkane

Hier werden ein oder mehrere H-Atome durch Halogene ersetzt. Zur Bezeichnung werden die Namen der Halogene vor den Namen der entsprechenden Alkane gesetzt.

Ersetzt man zum Beispiel die H-Atome im Ethan durch ein Chlor-, ein Brom- und drei Fluoratome, so erhält man das Brom-chlor-trifluor-ethan, das heute als Narkosemittel Verwendung findet.

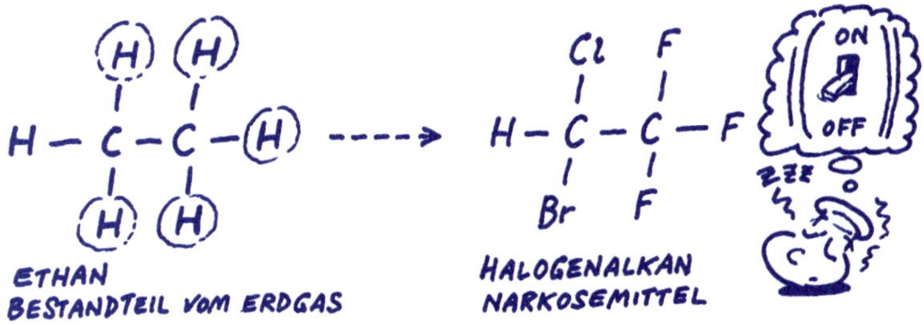

Alkohole

Ersetzt man in einem Alkan ein H-Atom durch eine OH-Gruppe, erhält man eine Stoffgruppe, die man als Alkohole bezeichnet und deren Namen auf –ol enden. So wird zum Beispiel aus dem im Erdgas vorkommenden Ethan ein Ethanol, jener Alkohol, der als Trinkalkohol schon so oft für eine berauschende Stimmung sorgte.

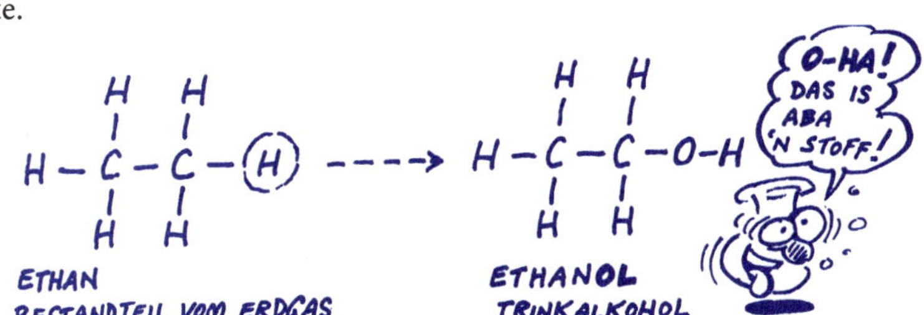

Aldehyde

Gehen wir wieder von einem Alkan aus und bauen wir erneut einen Sauerstoff im Molekül ein, diesmal allerdings anstelle von 2 H-Atomen, entstehen die sogenannten Aldehyde, deren Namen auf -al enden. So wird zum Beispiel aus dem gasförmigen Ethan die giftige Flüssigkeit Ethanal, die auch als Acetaldehyd bezeichnet wird.

Im Körper entsteht Ethanal durch Abbau des Trinkalkohols Ethanol und ist hauptverantwortlich für die Katerstimmung nach übermäßigem Alkoholkonsum.

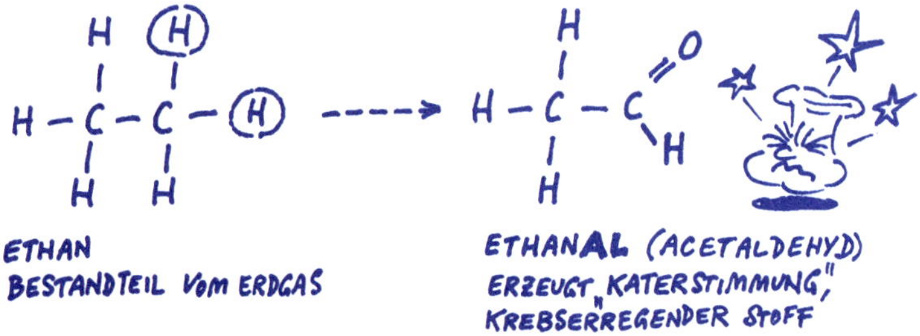

Carbonsäuren

Die Möglichkeiten an vielfältigen Verbindungen sind noch lange nicht erschöpft. Ersetzen wir bei einem Alkan wieder zwei H-Atome durch ein doppelt gebundenes Sauerstoffatom und fügen wir als Draufgabe noch eine weitere OH-Gruppe hinzu, entsteht eine Stoffklasse, die wir **Carbonsäuren** nennen. An den Namen der entsprechenden Alkane hängt man nun die Endung -säure. So entsteht zum Beispiel aus dem Gas Ethan die Ethansäure, jene Säure, die uns als Essigsäure bekannt ist und als Marinade einem Salat den unverkennbaren Geschmack verleiht.

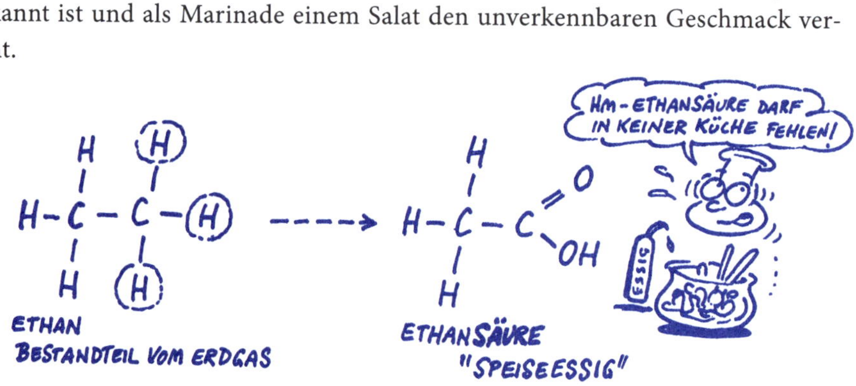

Amine

Es muss nicht immer ein Sauerstoffatom sein, das man in ein Alkan einbaut. Ersetzt man ein H-Atom durch eine NH_2-Gruppe, erhält man eine Stoffklasse mit der Bezeichnung Amin.

So wird zum Beispiel aus dem Ethan ein Ethylamin, ein übel riechendes Gas, welches zur Herstellung von Arzneimitteln, Farben sowie Kunststoffen Verwendung findet.

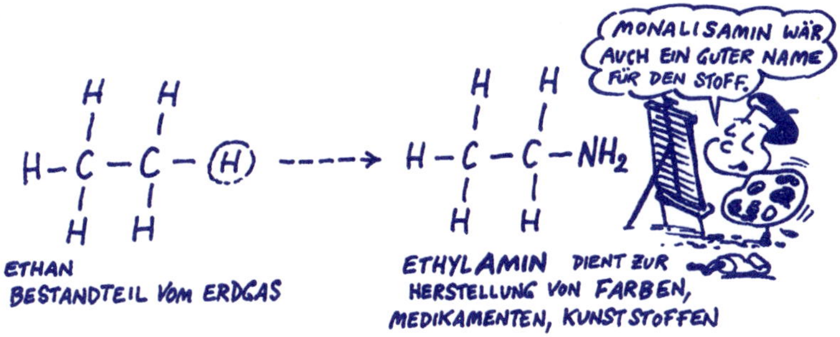

Aminosäuren

Hoffentlich kommst du nicht auf die Idee, dass dies alle Variationsmöglichkeiten seien. Die Natur kennt noch viele kreative Antworten bezüglich der Vielfalt organischer Stoffe.

So ist es auch möglich, dass zwei komplett verschiedene Stoffklassen in einem Molekül zu finden sind. Bindet zum Beispiel sowohl eine Amino- als auch eine Säuregruppe an einem Kohlenstoff, erhält man eine Verbindungsklasse mit der Bezeichnung **Aminosäuren**. Heute sind aus der Natur ca. 300 verschiedene Aminosäuren bekannt. Und 23 davon bilden die Bausteine der Proteine und können somit zu Recht als die Moleküle des Lebens bezeichnet werden.

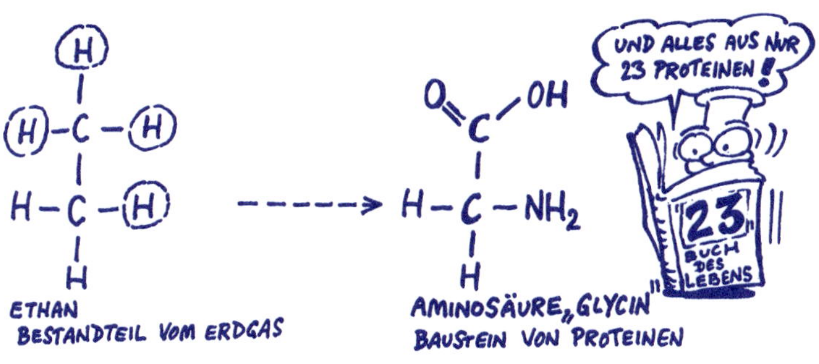

Wie du wahrscheinlich erahnen kannst, stellen die oben genannten Beispiele nur eine winzige Auswahl an möglichen Verbindungsklassen dar. Alle zu besprechen, würde den Rahmen dieses Buchs bei Weitem sprengen. Es müsste schon ein weiteres, dickes Macchiato-Werk geschrieben werden, um dir einen genaueren Einblick in die Welt der organischen Chemie zu ermöglichen. Dies wäre eine Welt der Farb-, Duft- und Geschmackstoffe, Enzyme und Vitamine, Drogen, Hormone, Pharmazeutika, Nährstoffen und vielen mehr. Es ist spannend und herausfordernd zugleich, der Frage nachzugehen, warum kleinste Änderungen im Molekül oft so gravierende Auswirkungen im Reaktionsverhalten zur Folge haben. Verschiebt man in einem Molekül ein Element nur um eine Position oder tauscht man nur ein Element gegen ein anderes, kann aus einem lebenswichtigen Stoff plötzlich ein hochgiftiger werden.

Und dies erklärt auch, warum wir Chemikerinnen und Chemiker so exakt über die Struktur von Stoffen Bescheid wissen müssen und deshalb nie aufhören dürfen, unseren naturwissenschaftlichen Geist zu fördern.

Wir hoffen, dass dir unser Ausflug in die etwas eigene Welt der Chemie viel Freude bereitet hat und dass dir beim Lesen das Schmunzeln nie abhanden gekommen ist. Dieses Buch sollte dir eine klarere Sichtweise verschaffen, wie und warum so manche Phänomene deines Alltags ablaufen. Zudem hoffen wir, dass du einen Einblick in die Sprache der Chemie gewonnen hast und dass du dir dabei genug chemische Vokabeln und Grammatik aneignen konntest, um mit Naturwissenschaftern wie uns in Dialog treten zu können. Wir hoffen auch, dass dir klar geworden ist, dass dieses Buch nur ein Aperitif war und dass dir die Chemie noch unzählige schöne Dinge zu erklären vermag.

Es wäre schön, wenn es uns mit diesem Buch gelungen ist, dir das Tor zur Naturwissenschaft Chemie aufzustoßen, damit du den vielen Herausforderungen des Lebens besser gegenübertreten kannst und dabei stets ein Lächeln parat hast.

Literaturverzeichnis

Lust auf mehr? Hier ist ein kleiner Auszug aus der Chemieliteratur, der die Autoren inspiriert hat und den sie Schüler oder Studenten empfehlen:

[1] Mortimer, Charles E.; Müller, Ulrich: **Chemie – Das Basiswissen der Chemie**, Thieme Verlag, Stuttgart 2003, ISBN: 3-13-484308-0

[2] Dickerson, Richard E.; Geis, Irving: **Chemie – eine lebendige und anschauliche Einführung**, Verlag Chemie, Weinheim 1981, ISBN: 3-527-25867-1

[3] Atkins, Peter W.; Beran, Jo A.: **Chemie – einfach alles**, Wiley-VCH Verlag, Weinheim 1998, ISBN: 3-527-29259-4

[4] Röthlein, Brigitte: **Das Innerste der Dinge**, Deutscher Taschenbuch Verlag, München 1998, ISBN-10: 3-42333032-5

[5] Stegmüller, Alfred; Baumgarten, Manfred: **Arbeitsbücher Chemie – Chemisches Rechnen**, Moritz Diesterweg Verlag, Frankfurt am Main 1991, ISBN: 3-425-05476-7

[6] Nylén, Paul; Wigren, Nils; Joppien, Günter: **Einführung in die Stöchiometrie**, Dr. Dietrich Steinkopf verlag, Darmstadt 1996, ISBN: 3-7985-1052-0

[7] Koolman, Jan; Moeller, Hans; Röhm, Klaus-Heinrich, (Hrsg): **Kaffee, Käse, Karies – Biochemie im Alltag**, Wiley-VHC Verlag, Weinheim 2003, ISBN-10: 3-527-29530-5

Stichwortverzeichnis

Die Reihe macchiato - Lernen mit Verständnis und Spaß

Physik macchiato
Kamilla Herber; Thomas Müller
ISBN 978-3-8273-7240-6
14.95 EUR [D]

Statistik macchiato
Andreas Lindenberg; Irmgard Wagner; Peter Fejes
ISBN 978-3-8273-7241-3
14.95 EUR [D]

Physik macchiato macht physikalische Grundstrukturen und Zusammenhänge deutlich. Jedes Kapitel beginnt zur Motivation mit einem Beispiel aus dem Alltag oder einer ungewöhnlichen Fragestellung. Cartoons begleiten die Erklärungen. Humor überwindet so manche Hürde, auch die Rechenbeispiele werden dadurch anschaulich und nachvollziehbar.
Statistik macchiato veranschaulicht und erklärt die Statistik mit Cartoons und bewältigt dabei den grundlegenden Lehrstoff des Gymnasiums, der für Statistikvorlesungen in der Universität Voraussetzung ist.

PEARSON Studium

Pearson-Studium-Produkte erhalten Sie im Buchhandel und Fachhandel
Pearson Education Deutschland GmbH
Martin-Kollar-Str. 10-12 • D-81829 München
Tel. (089) 46 00 3 - 222 • Fax (089) 46 00 3 -100 • www.pearson-studium.de